图对称性理论及其在数据管理中的应用

肖仰华　著

科学出版社

北京

内 容 简 介

本书系统地介绍了图对称性基础理论，包括基于图对称的复杂性度量模型与图距离度量模型、复杂对称网络生成模型以及基于图对称的网络约简理论等，介绍了一系列基于图对称性的应用方法，包括利用图对称实现社交网络隐私保护、利用图对称实现高效的最短路径索引与查询等。

本书理论和应用紧密结合，适合作为计算机等相关专业研究生和高年级本科生的参考书，为从事图数据管理与挖掘、复杂网络分析、复杂性理论等相关研究的工作者提供参考。

图书在版编目（CIP）数据

图对称性理论及其在数据管理中的应用/肖仰华著. —北京：科学出版社，2018.11

ISBN 978-7-03-059137-1

Ⅰ. ①图… Ⅱ. ①肖… Ⅲ. ①数据管理-研究 Ⅳ. ①TP274

中国版本图书馆 CIP 数据核字（2018）第 241922 号

责任编辑：赵艳春 / 责任校对：张凤琴
责任印制：徐晓晨 / 封面设计：迷底书装

科 学 出 版 社 出版
北京东黄城根北街 16 号
邮政编码：100717
http://www.sciencep.com

北京虎彩文化传播有限公司 印刷
科学出版社发行 各地新华书店经销

*

2018 年 11 月第 一 版 开本：720×1000 1/16
2020 年 1 月第二次印刷 印张：9 插页：2
字数：180 000

定价：99.00 元
（如有印装质量问题，我社负责调换）

序

计算机科学的基本使命之一在于探索复杂性。一直以来，复杂性，更具体一点，数据或问题中的复杂性，长期困扰着计算机科学的研究者和实践者。什么是复杂性？是什么决定了某一数据(或问题)比另一数据(或问题)复杂？如何有效规避复杂性从而高效解决工程中的实际问题？征服复杂性更是成为了新旧世纪交替之时的时代最强音。复杂性的机理、测度与应用问题因而成为了计算机科学研究的核心使命之一。

复杂性的对立面是规则性。越为规则的数据与问题，越为简单。征服复杂性的关键因而也就归结为发现并应用数据与问题中的规则性。但是如何精准刻画规则性，则又成为了另一个难题。一个递增的数值序列是简单的，前提在于我们发现并能用数学公式描述这个数值序列。一堆看似杂乱的数据，从信息论的编码角度来看，则可能有着较短的编码长度，因而有着一定意义的规则性。虽然存在各种不同的规则性(或复杂性)刻画机制，但是具有普适的规则性刻画机制是对称，也即变换下的不变性。给定某数据或问题，如果存在越多能够保持不变性的变换，这个数据或问题则越为简单，也就越有可能发现高效的处理数据、解决问题的方法。

本书的主体内容是笔者博士阶段研究工作的总结。本书聚焦于一类特殊的对称性：图对称性，系统地介绍了图对称的概念、度量、模型与应用。内容从理论构建到工程落地，涉及代数图论、图数据库与隐私安全，相关成果发表在物理学、模式识别与数据管理等众多领域的国际重要期刊或会议上。以现在的眼光评判十年前的博士研究工作，不得不发出勇气可嘉的感叹。如此横贯理论与应用，不顾及学科藩篱，恣意驰骋于不同学科之间，这需要无知无畏的勇气，需要追根究底的决心，需要百折不挠的韧劲。现在想来，年轻的"我"是有足够资格睥睨现在的"我"。

当本书工作最早完成之时，21世纪的第一个十年即将结束，大数据与人工智能的时代号角渐渐奏响。计算机学科的另一个重要问题——机器智能，渐渐重新进入很多计算机学者的视野之中。智能是什么，如何让机器具备智能成为了计算机学研究者的重要课题。近几年取得飞速发展的智能技术本质上是大数据智能，是大数据驱动下的机器智能。在21世纪的第二个十年即将结束之际重新盘点过去二十年的计算机技术进步，我发现复杂性问题与机器智能问题本质上是一奶同胞。

当我们欣喜于大数据智能给我们带来的全新机会时，不要忘记了是复杂性的攻克给我们征服大数据的手段。征服复杂性的有效手段使得我们在新的数据与问题规模尺度上能够重新思考机器智能的实现问题。

　　因此，在这个时间点给读者呈上这本以复杂性为核心命题的专著，是我本人的偶然行为，但抑或也是在大数据智能技术飞速发展的今天对于复杂性的再次思考的一种必然趋势。我相信，复杂性问题与机器智能的思想碰撞会激荡出最为绚烂的火花。

肖仰华

2018 年 9 月

前　　言

随着真实网络数据的大量涌现，通过分析网络的统计性质，研究真实网络系统的结构和功能成为了众多学科的研究热点。虽然已经有大量的工作致力于探索网络的各类性质以及相应的网络形成机制，但这些研究(除了最近的少数工作之外)都忽视了网络结构的一个基本性质——对称性。真实网络研究的盛行也使得图数据管理问题成了数据管理领域的研究热点。然而现有的图数据管理领域的研究工作多是将面向关系或 XML 数据的数据管理技术进行扩展，用于解决面向图的数据管理问题，而很少考虑图数据的基本性质——对称性。在很多图数据管理问题的方案中对于图对称的基本问题，多是采取一种回避的策略。

然而，网络对称性研究具有重要的理论和实践价值，是不应忽视的。一方面，从真实网络性质的研究角度来看：网络对称性是存在于各类真实网络中的普遍现象；网络对称性与网络的很多重要功能或性质密切相关，比如网络异构性、健壮性、网络约简等。另一方面，从图数据管理的角度来看：图对称是图数据管理的基本问题，很多数据管理问题包括图检索、图挖掘、社会网络隐私保护问题最终都归结为图对称相关问题，比如(子)图同构判定、设计图的完全不变量、构造自映射等价等问题；图对称刻画了图数据的规则性和简单性，因而寻找和利用图数据中的对称性是高效解决图数据管理问题的基本思路之一。

因此，直接以真实图或网络数据中的对称性为研究对象，发展真实网络对称性基本理论，研究对称网络生成模型，并将对称性应用到一系列具体应用，包括利用对称构造合理的网络度量，利用对称寻找网络骨架，利用对称压缩最短路径索引等，就成为了本书的主要研究内容。具体而言，本书包含以下研究工作并做出了相应的贡献。

(1) 针对普遍存在于真实网络中的对称性，阐述了真实网络对称产生的微观机制，并提出了相应的网络生成模型，成功地再生了真实网络中的对称性。具体而言，通过对网络中局部对称子团的统计分析，证实了相似链接模式，也就是网络中度相同或相近的节点倾向于有着相同或相似的邻居，是网络对称产生的微观机制。

(2) 针对现有的基于度的结构熵度量不能准确刻画网络异构性这一问题，提出了基于自映射分区的结构熵度量；通过理论分析和大量真实网络数据上的统计分析证实了基于自映射分区的结构熵能够较为准确地刻画网络异构性。针对现有基于结构的图距离度量精度不高的问题，提出了基于图的子结构信息的图距离度量，并将其成功应用于人群结构分析之中。

(3) 提出了通过约简网络结构冗余信息，提取网络结构骨架的方法；通过理论分析以及各类真实网络关键指标的统计分析证实了使用新方法得到的骨架——网络商，能够在显著约简网络规模的同时，保持原网络重要性质包括复杂性以及通信性质。将网络商成功地应用于社会网络隐私保护问题中，提出了网络商的一个改进版本——B-骨架，并利用 B-骨架有效地保持了 k-对称匿名模型的可用性。

(4) 将网络对称性理论应用到最短路径索问题；发展了局部对称理论、轨道邻接性理论，探索了子结构在自映射作用下的性质；针对面向大图的最短路径索引存储代价较大问题，提出了基于压缩宽度优先搜索树的索引结构，以及相应的查询方案；通过真实网络和模拟网络上的大量实验以及系统的理论分析论证了基于压缩的宽度优先搜索树的索引结构，可以在保证查询性能的前提下显著压缩索引空间。

本书所涉及的大部分工作是我在攻读博士学位期间完成的。所以我首先要感谢培养了我的复旦大学。我在这里学习，在这里工作。复旦的一草一木对于我都有特别的感情。复旦一定程度上塑造了我的思想，而思想是一个人的灵魂。因此，复旦是我的再造者。其次，我要感谢我的博士生导师，复旦大学计算机学院汪卫教授。千里马常有，而伯乐不常有。汪卫教授的理解与肯定是取得本书中的一系列成果的前提。同时还要感谢与本书成果相关的几位合作者，包括 Momiao Xiong 教授(美国德州大学公共卫生学院)、Jian Pei 教授(Simon Fraser 大学、京东)、Ben D Macarthur 教授(英国南安普顿大学)、吴文涛博士(美国微软研究院)。没有与这些杰出学者的讨论，是不可能形成这些成果的。本书得以付梓，要感谢上海市科委大数据专项(No.13511505302)的资助。同时还要感谢我的博士生刘井平以及其他几位同学的文字校对工作。最后感谢我的家人，家人的理解与支持是我的最强后盾，与他们分享工作中的收获、生活中的喜悦是我人生中最为美好的记忆片段。

目　　录

第1章 绪 论

现实世界中的很多复杂系统都可以描述为实体及实体之间的关系，这样一种认识世界的方式使图或网络成为广泛应用的一种数据建模方法。图或网络的普适性使利用网络来研究现实系统的功能与性质成为可能。基于这一事实，一个新兴交叉研究领域在过去十年取得了飞速发展：复杂网络。与传统图论侧重于理想图的性质不同，复杂网络以真实世界网络的统计特性和动力学特征为主要研究对象。然而一直以来，网络的一个重要特性——对称性被忽视了。网络对称性不仅提供了新的考察复杂网络的视角，也提供了相应的方法论(置换群论)支持，从这一新的角度考察真实网络将为人们展示真实网络系统新的景象。

图或网络的普适性也使图数据管理成为近年来数据管理领域最为热门的研究主题之一。虽然在图数据管理领域，已有大量工作致力于解决各类图数据管理问题。但是，现有工作多是将面向关系或树结构(如可扩展标记语言(extensible markup language, XML))的数据库技术向图数据管理问题的简单移植。而事实上，当尝试把这些方法移植到面向图数据的真实应用中时，我们发现图数据管理的基本问题——图对称问题被刻意回避了。

本书将针对真实网络对称性的若干具体理论问题以及应用问题展开研究。

1.1 概 述

图或网络被广泛应用于描述现实世界中实体及实体之间的关系，这样一种认识世界的方式使图或网络成为广泛应用的一种数据建模方法。图或网络的普适性使利用网络来研究现实系统的功能与性质成为近年来的研究热点，也使图数据管理成为近年来数据管理领域最为热门的研究主题之一。虽然真实网络性质的研究以及图数据管理领域的研究已经取得很大进展，但是图数据的一个重要性质——图对称，一直没有得到充分研究。本书以图对称理论及其在数据管理问题中的应用为研究内容。

本节以社会网络分析与计算为例，介绍本书的主要研究思路和主要的研究内容。

一个社会网络通常表达的是实体(人或组织)以及实体之间的社会关系。给定一个社会网络，给定网络中的两个实体，查询它们之间的最短路径是进行社会网络分析的一项基本的查询问题。为了实时回答面向较大社会网络的最短路径查询，可以物化以每个顶点为根的宽度优先搜索(breadth-first search, BFS)树，树中的每一条从根出发的路径都表达了图中相应的最短路径[1]。然而，直接实现这一物化方法需要消耗 $O(N^2)$ 的存储空间。

为了方便描述，本节以如图 1.1 所示的一个简单的社会网络为例。通过对图 1.1 的观察，我们发现顶点 v_1 和顶点 v_2 具有如下性质：对于任意顶点 $v \in (V(G) - \{v_1, v_2\})$，$v_1$ 到 v 的最短路径和 v_2 到 v 的最短路径几乎完全相同，除了边 (v_1, v_3) 和边 (v_2, v_3) 不同。事实上，在后面我们会介绍 v_1 和 v_2 之间的这种等价性的实质是自映射等价。当顶点自映射等价时，它们的很多结构特征是相同的。这个例子说明的是它们的 BFS 树的等价性。事实上，在后面的章节中我们会说明在图 1.1 中，自映射等价关系还存在于 v_5, v_6 之间以及 v_7, v_8, v_9, v_{10} 之间。它们的 BFS 树之间也存在着类似的等价性。

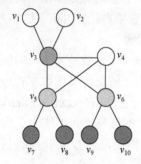

图 1.1　一个简单的社会网络

直观地来讲，在一个图中如果能找到自映射等价关系，那么这个图就是对称的；并且如果找到的自映射等价关系越多，图越对称。那么能否利用图对称性，具体来说自映射等价的顶点在 BFS 树上的等价性，降低最短路径查询所需的 BFS 树索引空间消耗，这成为本书第 6 章的主要研究内容。

在社会网络中，结构等价的顶点通常扮演着相同的社会角色，因而这些等价的顶点之间通常是可以互相替换的，因此结构等价性可以理解为一种结构上的冗余。那么一个很自然的想法就是，我们能够从原网络中约简掉这些冗余信息而不损失网络必要的结构信息。寻找这样一种能够保持原网络重要性质的骨架在很多问题中有着实际需求。社会网络隐私保护的可用性问题就是其中之一。本书第 5 章将对基于对称的网络约简及其在社会网络隐私保护中的应用展开研究。

当我们发布一个社会网络时，通常需要对网络中的顶点进行匿名化处理。然而，攻击者仍然可以根据顶点的结构特征识别出那些结构特征独特的个人(这种攻击称作结构再识别(structural re-identification)[2])。例如，如果知道 Bob 的邻居数目为 5，那么在图 1.1 中，v_3 必定就是 Bob，因为图中仅有 v_3 拥有 5 个邻居。因此，发布社会网络数据时，人们自然地想知道，在结构再识别这种攻击下，网络实体隐私泄露的风险有多大。显然，网络实体隐私泄露的风险与网络的结构异构性有着直接关系。因此，网络隐私泄露风险的度量就可以转换为网络结构异构性度量问题。现有的基于顶点度的网络异构性度量不能很好地刻画网络隐私泄露风险。

例如, 在图 1.1 中顶点 v_1 和 v_7 的度都为 1, 但是它们的邻居的度不一样, 攻击者仍然可以利用这一信息进行攻击。而利用自映射等价关系可以很自然地将网络顶点划分为结构特征不同的等价类, 因而成为度量网络的结构异构性的理想方法。这构成了本书第 4 章的研究内容之一。

在对社会网络中的顶点进行角色分析时, 通常需要评价两个顶点在网络中是否扮演着相同或者相似的角色, 其中角色相似性判定的一个重要的依据是顶点的邻居图(neighbor graph)[3](由某个顶点的邻居集导出的子图)在结构上的相近程度。这其中的关键问题是如何度量两个顶点邻居图的相似程度或者它们之间的距离。相同规模的图, 由于对称性的不同, 其子结构的模式也就是不同构的子结构数量也不相同。通过对比图中蕴含的子结构模式来计算图的相似程度, 不仅可以提高图距离度量精度, 同时在生物网络分析中能够较好地体现生物学含义(如某个子结构模式通常可以理解为某种生物功能模块)。基于这些事实, 本书第 4 章提出了一个子结构信息的图距离度量。

本书研究的另一个基本问题是对称网络生成模型, 这是研究网络对称的首要问题。给定一个对称的社会网络, 如何生成一个对称性接近真实社会网络的模拟网络, 是将网络对称性理论进一步应用的基础问题。而为了生成对称网络, 必须探索真实网络的对称产生机制, 并提出相应的网络生成算法。这些研究构成了本书第 3 章的研究内容。

在深入介绍这些内容之前, 必须在数学层面理解网络对称性的精确含义, 了解网络对称性的基本性质。这构成了本书第 2 章的主要内容。

需要指出的是, 上述网络对称性相关问题的研究不局限于社会网络, 在一般网络上也存在着同样的问题。虽然上述很多问题是从社会网络分析的角度引入的, 但事实上, 这些问题有其独立的研究价值。例如, 图距离度量就是一个在多个学科如模式识别、图数据管理、化学信息学中都有着重要研究价值的基础问题。

概括来讲, 本书的研究内容为: 以真实网络数据, 如生物网络、社会网络数据为研究对象; 从网络结构对称性角度研究网络的基本性质, 提出对称网络生成模型; 并将网络对称性理论应用于具体问题, 包括网络度量(网络异构性度量和图距离度量)、网络结构约简以及降低最短路径索引空间等。本书的研究框架如图 1.2 所示。

本书的主要贡献可以概括如下。

(1) 系统地综述了(图)对称性研究的理论及实践意义; 结合图数据管理问题, 对于图论领域、代数领域的重要理论结果进行了系统的评述。

(2) 首次针对存在于真实网络中的对称性, 阐述了网络对称性的产生机制, 并提出了相应的对称网络生成模型。该模型可以广泛用于改善现有的真实网络模拟

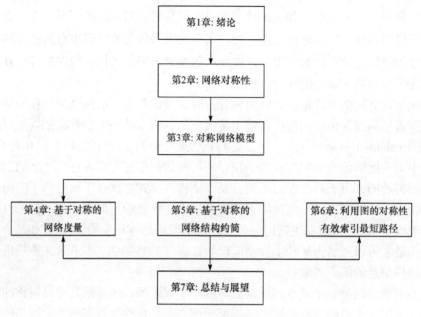

图 1.2　研究框架

以及基于此的一系列实际应用问题。

(3) 首次提出了结构异构性概念，并基于网络对称性，提出了能够较为合理地度量网络异构性的新的结构熵度量。这一新的度量，可以应用于刻画社会网络隐私泄露风险，刻画网络复杂性等一系列问题。基于子结构丰富性，提出了泛化的基于结构的图距离度量，提高了图距离度量的精度。

(4) 首次提出了通过约简对称性所刻画的网络结构冗余提取网络骨架的方法；通过实证证实，所得到的网络骨架在规模上显著小于原网络，且能够保持原网络的通信性质以及复杂性等重要性质。将网络商应用于社会网络隐私保护问题，提出了网络商的一个改进版本——B-骨架，并成功利用B-骨架保持了k-对称匿名模型的可用性。网络商的研究还可以广泛应用于图数据管理各类问题，如网络的精简存储与表达等，也可以应用于各类物理系统、生物系统结构的优化设计等。

(5) 首次将网络对称性理论应用到图数据管理问题。发展了局部对称理论、轨道邻接理论，探索了子结构在自映射作用下的性质。针对最短路径索引开销较大问题，基于网络对称性理论，提出了基于压缩BFS树的索引结构，大量实验和理论分析说明基于对称的方法在实现实时最短路径查询的同时，有效压缩了最短路径索引所需要的空间开销。此项成果为图对称技术在其他图数据管理问题中的应用奠定了基础，具有示范意义。

本章剩余内容的安排如下。图结构对称是对称性的一种，1.2节将详细阐述对称性基本内涵、对称变换以及对称性基本原则。1.3 节将主要从复杂网络研究和图数据管理研究两个角度阐述图对称研究的背景，论述网络对称性研究的价值。

1.2　一般对称性

1.2.1　对称性基本内涵

对称(symmetry)这个词源自希腊语 sun(相同的)和 metron(尺寸)，最初用来表示相同的尺寸。德国数学家 Weyl[4]曾对对称性作了如下定义：如果一个操作能使某系统从一个状态变换到另一个与之等价的状态，即系统的状态在此操作下保持不变，则该系统对这一操作对称，这一操作称为该系统的一个对称操作。简而言之：对称刻画了系统在一组变换下的不变性。现实生活中普遍存在着对称性，如人和一些动物的形体，建筑物的结构，各种花瓶、花边等是对称的典型例子。对称性自从被提出，就成为很多自然学科包括生物学、物理学、化学等的重要研究内容。

近年来，对称性的研究日益成为自然科学领域的研究热点。在自然科学哲学领域，先后出版了好几部专著讨论广泛存在于生活以及自然学科中的对称性现象以及基本原则。其中，德国哲学家 Mainzer 于 2005 年出版了 *Symmetry and Complexity*：*The Spirit and Beauty of Nonlinear Science*[5]一书，系统综述了存在于文化、经济、社会、物理、化学、数学以及信息科学领域中的对称性现象。2007年，Springer-Verlag 出版的自然科学前沿系列丛书，其中有两本都是关于对称的，包括 Muller 编著的 *Asymmetry*：*The Foundation of Information*[6]和 Rosen 编著的 *Symmetry Rules*：*How Science and Nature are Foundedon Symmetry*[7]。Muller 的书从对称角度向人们揭示了信息的本质是非对称。Rosen 的书详细阐述了自然科学与对称之间的紧密关系，向人们展示了自然科学是如何建立在对称基础之上的。无独有偶，2008 年诺贝尔物理学奖，授予了发现亚原子物理学中自发对称性破缺机制的南部阳一郎和发现有关对称性破缺的起源的小林诚、益川敏英。此外，2003年来自全世界的一些知名科学家包括数学家、物理学家、化学家、生物学家以及人文社会科学领域的专家共同发起成立了国际对称协会(International Symmetry Association)，并发行了专刊 *Symmetry*，每年组织召开学术年会(称为 Symmetry Festival)，旨在推动在自然科学、工程、人文、社会等领域的对称性研究。

对称性受到如此广泛的重视不是偶然的。对称性研究的重要意义可以归纳为以下几点。

(1) 对称性是普遍存在的现象。对称性是复杂系统包括生物系统、社会系统、经济系统、技术系统中普遍存在的现象[4, 5, 8, 9]。对称现象在日常生活中也是随处可见的。

(2) 事物的演化过程可以理解为对称不断破缺的过程，从对称走向非对称的过程[5, 10, 11]。各种不同的系统的演化动因从对称角度都可以归结为对称破缺，是对称破缺产生了世界的多样性和复杂性。

(3) 复杂性可以刻画为对称破缺[12]。对称破缺的程度决定了事物的复杂程度；事物的非对称性越强，事物越复杂。对称性与复杂性之间的对立关系，为理解和征服复杂性提供了一种新的途径。影响系统复杂性的因素往往是纷繁多变的，通常难以准确刻画各因素之间的复杂关系。因而直接理解和征服复杂性面临巨大挑战。而刻画系统对称性，只需寻找各类变换操作与相应的不变量。因而，寻找隐藏于系统中的对称性则从复杂性的对立面为征服复杂性提供了全新途径。

1.2.2 对称性的类别

Weyl 对于对称性的定义只是一个一般性的框架，随着研究对象的不同，对称性的具体含义也不完全相同。但是不论对于哪种研究对象，理解对称性含义的关键都是两点：变换和不变量。目前根据对称性的研究对象，可以将对称分为三大类：空间对称、时间对称和尺度对称。

首先介绍时间对称和尺度对称。如果一个系统的某一变量满足 $F(t) = F(-t)$，则称该系统是时间对称的。时间对称本质上体现了系统的一种周期性。其变换操作是时间的推移。很多真实系统，如商品价格都呈现出这种周期性。尺度对称是指系统在不同尺度下拥有相同或相似的性质。显然这里的变换是考察系统的尺度变换。尺度对称的本质是分形。例如，图 1.3(a)所示的分形图案，在不同尺度下考察都有着相同的基本组成单元。再如图 1.3(b)，不同粒度下网络的基本组织方式都是四个点的完全图。

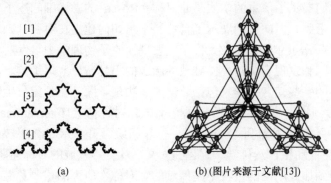

(a)　　　　　　　　(b) (图片来源于文献[13])

图 1.3　尺度变换下的对称

空间对称是在日常生活中经常可以见到的对称类型，例如，图 1.4 所示的古印度宗教图案和中国的太极图案在直觉上都是相当对称的，蝴蝶的形状也是比较对称的。这种直觉上的对称可以理解为，当我们沿着某个中心点旋转图案，或者沿着某个轴线左右折叠交换时，可以得到与原图完全重叠的图案。因此，空间对称实质上是指在镜像变换或旋转变换等操作下，图案严格保持不变。

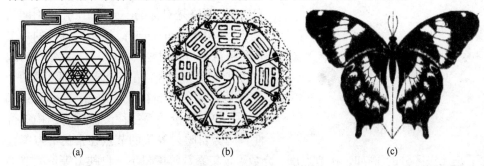

(a)　　　　　　　　　　(b)　　　　　　　　　　(c)

图 1.4　空间对称(图片来源于文献[8])

事实上，空间对称根据变换操作的不同可以分为三类，除了上面提及的镜像对称、旋转对称，还包括平移对称。需要指出的是，平移对称理论上只适用于存在于无限空间的图形。图 1.5 给出了镜像对称、旋转对称和平移对称的例子。图 1.5(a)旋转特定角度之后可以和原图重叠，沿着虚线左右交换也可以得到与原图重叠的图案。图 1.5(b)所示的图案是一个无限图的局部，在无限空间中，沿着特定方向平移可以与原图重叠。

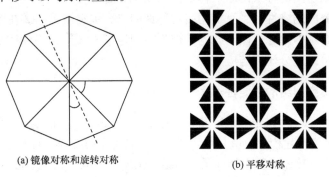

(a) 镜像对称和旋转对称　　　　　　(b) 平移对称

图 1.5　镜像对称、旋转对称与平移对称(图片来源于文献[8])

图结构对称可以理解为空间对称的一种。由于真实的图或网络都是有限的，所以图结构对称一般只包括镜像对称和旋转对称。与一般的空间对称不同的是，图结构对称的不变量是顶点集上的邻接关系，而不再是空间图形的形状。如图 1.6 所示的有着四个顶点的环，具有高度对称性。沿着顺时针或者逆时针方向旋转交换四个顶点不会改变顶点之间的邻接关系。沿着图中虚线所示的任意轴线交换顶点，顶点之间的邻接关系也可以得到保持。

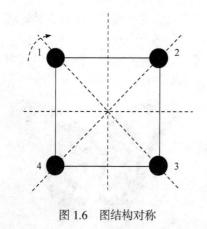

图 1.6　图结构对称

网络结构对称刻画的是在节点集上的置换作用下节点邻接关系的不变性。能够保持节点邻接关系的置换称为自映射(automorphism)。如果一个网络存在非平凡的自映射,网络是对称的(symmetric),否则网络是非对称的(asymmetric)。网络对称性的一个核心概念是自映射等价性。如果存在某个自映射将某个节点映射到另一个节点,那么这两个节点是自映射等价(automorphic equivalence)的。自映射等价关系往往又被称为结构等价性,因为自映射等价的节点在常见节点度量下是无法区分的(例如,在节点度、介数、聚集系数等度量下,自映射等价的节点将取得相同的度量值)。

1.3　研究背景

既然对称性在很多基础学科中起着奠基性的作用,那么自然地我们会思考图或网络结构的对称性在图或网络相关问题研究中的角色和地位。为此,本节将从三个方面来论述图对称或网络对称研究的动机和必要性:①在复杂网络研究领域,作为一种重要的网络性质,真实网络对称性的研究被忽视了;②在图数据管理领域,作为一个基本问题,图对称问题被刻意回避了;③作为一种技术手段,图对称技术尚未得到充分研究与应用。

1.3.1　作为真实网络的重要性质之一的对称性

征服复杂性是 21 世纪科学研究的主要任务。而很多真实的复杂的物理系统通常可以用图或网络来建模,也就是说物理系统可以视作构成网络的组件及其之间的关系。能够用网络建模的真实物理系统包括:①技术网络,如 World Wide Web[14]、Internet[15]、美国电网[16]等;②社会网络,如科学合作网络[17, 18]、文献引用网络[19]、演员合作网络[20]等;③生物网络,如代谢网络[21]、蛋白质交互网络[22,23]等。利用网络来研究现实物理系统的复杂性成为一种探索复杂性的可行方法,并且在过去十年取得了巨大进展,并形成了新的学科分支:复杂网络。复杂网络的研究侧重于探索真实网络中的宏观统计特性,以及基于此的网络演化模型。目前已经发现的重要宏观统计特性包括小世界(small world)[16,24,25]、无标度(scale free)[26]、网络团(network motif)[27]、同类相吸(assortative mixing)[28]、社区结构(community structure)[29-31]、层次结构

(hierarchial strctural)[13]、自相似(self-similarity)[32]等，以及基于此的网络生成模型，典型的包括 WS 模型[16]、BA 模型[26]等。

虽然网络科学领域已取得了巨大进展，可是当人们深入研究其中的某些问题时，发现网络的一个重要性质——网络对称性，尚未受到充分重视。然而，真实网络对称性的研究有着重要的研究价值。

首先，对称性是普遍存在于真实网络中的一种重要性质。MacArthur 和 Anderson[33, 34]最早意识到真实网络对称性问题，在其开创性论文中，向人们揭示了真实网络是高度对称的。文献[33]和文献[34]以及本书的后续章节证实了各类真实网络，包括社会网络、生物网络以及技术网络等都存在不可忽视的对称性。真实的大网络(MacArthur 和 Anderson 以及本书验证的很多网络规模都在 10^4 以上)是对称的，这一事实是令人震惊的，因为根据传统理论，几乎所有网络都是非对称的(almost all the networks are asymmetric)[35]。所以对称性作为真实网络的普遍性质，是一种重要的非平凡的现象，必定体现了网络演化过程中的某种自组织机制。

其次，网络对称性是对网络的结构与功能有着重要影响的基本性质。就目前已经开展的网络对称性的研究来看，网络对称性是深化现有网络功能和性质研究的基本工具，它与网络的很多基本功能都有着密切联系，如网络健壮性、抗毁性、网络异构性、网络约简、网络中的节点角色分析等一系列问题。这些问题都可以从网络对称性角度重新阐述和研究。例如，从网络对称角度而言，网络脆弱的一个重要的原因在于网络中存在着大量的在网络结构中扮演着独特角色的节点，因此提高网络健壮性的关键就在于降低节点的这种结构独特性，提高整个网络中节点的结构冗余性。从宏观的角度而言，也就是提高整个网络的对称性成为提高网络健壮性和抗毁性的关键。网络对称性对于分析网络顶点角色至关重要。网络对称的一个核心概念——自映射等价关系可以在最严格意义上刻画节点在社会网络中扮演的角色。自映射等价性可进一步用于度量节点的重要性，在很多场景下，结构不可替代的节点就是重要的节点，因而应该获得较高的重要性分值。例如，考虑北美洲与亚洲海底通信节点，虽然度数很小，中心性很小，却是连接两大洲通信的至关重要的节点，因为其在整个网络结构中扮演独特的角色，而无替换节点。利用对称性理论，此类节点的重要性非常易于准确度量。本书的后续章节还将进一步揭示网络对称性对如网络约简、网络异构性度量等问题的重要影响。因此，网络对称性的研究是网络科学中的一项不可或缺的研究内容。

最后，网络对称性为真实网络研究提供了崭新的视角和方法。现有研究对于真实网络的考察多使用基于节点度数的度量，使现有网络研究只能在较粗粒度上考察复杂网络的特性。显然，网络对称性的核心概念——自映射等价性则提供了一种更细粒度的考察网络的方式。换言之，网络对称性将引领复杂网络的研究从基于节点度数的度量下的相对宏观层次的研究，进入更为微观的层次的研究。细粒度考察复杂网络，呈现在人们面前的将是全新景象。此外，网络对称性的理论基础——置换群论，是一种典型的代数方法。目前在复杂网络的研究中，代数方法的应用主要集中利用矩阵研究网络性质。置换群的方法作为一种全新的方法无疑会进一步促进复杂网络的研究。网络对称性作为新的研究视角将会为一些问题的解决带来新的思路，如网络异构性度量，利用自映射等价性可以较为精确地刻画网络异构性；从网络对称性角度研究网络演化也十分有意义，因为复杂系统的演化一直被刻画为对称破缺的过程。

　　虽然网络对称性对于真实网络的功能与性质的研究十分重要，但复杂网络领域对于网络对称性的研究还刚刚起步，很多基本问题还没有解决，包括真实网络对称性的产生机制、网络对称性度量、网络对称性的一系列应用等，这些构成了本书的主要内容。

1.3.2　作为图数据管理重要问题之一的对称性

　　近年来，随着各类图数据大规模地涌现，图数据管理日益成为研究热点。最早开展的研究是频繁子图模式挖掘。早期的图挖掘工作主要集中在简单的频繁子图结构的挖掘，典型的包括路径、树[36,37]的结构挖掘。在近期的图检索中主要体现为带有连通性约束的频繁子图结构的检索。AcGM[38]将 AGM[39]扩展用于检索连通的导出子图模式，开始了对子图模式进行拓扑结构约束的尝试。此后，出现了一系列关注拓扑结构约束的子图模式检索问题。文献[40]关注挖掘闭合频繁子图模式的问题，文献[41]进一步在文献[40]的基础上施加连通性约束，以边连通性约束作为子图模式的过滤条件，进而筛选出用户更为感兴趣的子图模式。文献[42]对传统的团(clique)挖掘问题中的子图模式团的稠密程度进行了适当的放松，提出了γ完全图的频繁模式发现问题。这几年来在图数据管理领域研究较多的是图检索及索引。早期的图检索中使用的索引方法主要是基于路径的索引方法，典型的包括 GraphGrep[43]和 Daylight[44]系统。GraphGrep 中枚举所有的路径长度不超过某个最大值的路径，并为之在图数据库中建立索引，检索时将待检索的查询子图分解成独立的路径，依靠索引数据在图数据库中检索包含这些路径的图。基于路径的索引在将完整的图结构分解成路径时不可避免地会导致结构信息的丢失，故而对查询的效率有一定影响。针对这一问题，gIndex[45]通过存放每条边的位置信息和部分频繁子图的位置信息以提高查询的性能，特别是在数据不均衡的情况下，gIndex 表现出优越的查询性能。

　　此外，2007 年以来，社会网络隐私保护[2,3,46,47]日益成为图数据管理领域的热门问题。由于社会网络数据表达的不仅是网络节点所代表的个体信息，也表达了这些个体间的关系。攻击者可以根据已知节点间的邻接关系对匿名化网络中的节点进行推断和识别。前面已经介绍了，这种利用网络中的节点的结构特征进行隐私攻击的模型称为结构再识别，或简称为结构攻击。结构攻击的本质是利用网络中的节点在网络结构中扮演的角色独特性，对网络节点加以识别。为此，文献[2]提出了一种网络泛化技术，将网络中顶点进行划分之后，仅发布由这些划分构成的网络。文献[3]则采用了一种随机加边的方式使节点尽可能具有较为相似的邻居，从而使攻击者无法根据顶点的直接邻居信息进行攻击。另一类社会网络攻击模型，称为注入式攻击[45]，它假定攻击者能够在匿名的社会网络发布之前向网络中加入顶点和边，事实上这一点也是容易做到的，如在 Blog 交友网络发布之前攻击者可以有意识地构造自己所在的局域网络。一旦社会网络数据发布，只要攻击者在社会网络中构造出的局域网络是独特的，他就能够在匿名的社会网络中识别出自己，从而进一步识别其他顶点。

虽然图数据管理领域已经取得巨大进展，但当我们深入分析上述图数据管理的典型问题时，会发现在这些问题背后都有一个共同的基本问题——图对称，而这一问题在该领域尚未得到充分研究。然而我们认为，图对称性是图数据管理领域的一个基本问题，有着重要的研究价值。首先，图对称是图数据管理的基本问题。通过深入分析上述图数据管理问题发现，图对称都是根本问题。例如，在图频繁模式挖掘时，通常会采用目前最为高效的 DFSCode[48]作为图模式增长时的编码，而本书第 2 章将论述，DFSCode 的本质是图的一个完全不变量，其目的是有效避免由于图结构对称带来的模式枚举时的冗余。但是，图数据管理领域还没有文献直接针对图数据中的对称性展开分析。目前，几乎所有图查询方案都采用过滤+验证的策略，而过滤阶段的主要目的就是尽可能地减少验证阶段(子)图同构判定的次数。这显然是一种回避图对称问题的策略。但事实上，验证阶段的效率直接影响了整个查询方案的整体效率，因此图对称是真正高效解决图检索问题不可回避的问题。对于社会网络结构再识别问题，如果做到 k-对称，也就是对于任意一个顶点，网络中都有 $k-1$ 个结构等价的顶点(严格来讲是自映射等价)，则在任何知识的结构攻击下，网络都是安全的。而对于注入式攻击，本质上攻击者之所以能够再识别出其注入的子图，根本原因在于真实网络很难出现多个与其同构但不相同的子图。可见，构造图对称是社会网络隐私保护的主要技术手段。所有上述问题本质上都是图对称问题，总体来讲图数据管理领域对于图对称采取的是一种回避的态度，而不愿意打开这个黑盒子，这不能不说是目前该领域研究的一种不足。

其次，对称性是理解图数据复杂性的新途径。理解图数据的复杂性是高效实现图数据处理的关键。一般来说，复杂性可以理解为事物对称破缺的程度[12]。所以网络结构的非对称程度直接决定了其复杂性。图数据管理的诸多问题，其复杂性不仅取决于问题的规模(通常是图的规模、顶点数和/或边数)，事实上也取决于图数据的对称的程度。例如，相同节点数目的完全图和随机图，它们的复杂性明显不同；即便是有着相同顶点数目和边数的网络，在规则性或对称性上也可能存在显著差异，从而决定其复杂性的不同。因而研究图数据管理，是不能忽视图的对称性的。而现有图算法复杂性度量很大程度上只依赖于数据规模，而忽视了图的对称性，从而只能在很粗的粒度上度量算法的复杂性。这也正是很多算法在很多实例下时空消耗远远偏离最坏或最好情况的原因。考虑网络对称性，图算法复杂性可以在更细的粒度上加以考察，从而提高算法复杂性度量的精确性。充分利用图结构对称，将其应用到图数据管理的若干具体问题之中，对于降低图算法的复杂性是至关重要的。

最后，寻找图数据中的对称性是解决图数据管理问题的基本思路。图的本质是节点集上的关系，然而就是如此简单的二元关系却对当前的计算能力提出了巨大挑战，数据管理中的很多问题是 NP-Complete(NP 完全)甚至是 NP-Hard 问题。这不得不让我们陷入沉思，图的复杂性的根源在哪里？二元关系是如何演变为如此复杂的事物的？问题的答案在于对称以及对称破缺。对称破缺是复杂性的根源，而对称破缺的对立面——对称则成为攻克复杂性的关键。算法复杂性的根本是描述复杂性，而降低描述复杂性的关键就是寻找对称。越对称的事物描述复杂性越低。从这个意义上来讲，算法是否高效取决于能否合理利用部分甚至全部的蕴含于数据中的对称。网络结构对称是蕴含于网络中的最为重要的一种规则性、简单性。因而，寻找和利用存在于图或网络结构中的对称性成为图数据管理的根本问题。

网络宏观上所体现出的对称性在微观上则体现为节点之间的自映射等价性。而自映射等价性是最严格的等价性[2]，因而往往蕴含着其他等价性。而寻找节点之间的某种等价性正是高效解决图数据管理的关键。例如，在有向图的可达性查询问题中，强连通分量中的点与网络中其他任一顶点之间的连通性是等价的。正是这种等价性的存在，使我们在存储顶点对之间的连通性信息时，可以将整个强连通分量当作一个整体。结构等价性往往蕴含着其他等价性，这一事实意味着结构等价的节点在很多其他方面，如度数、该顶点的邻居、以该顶点为根的 BFS 树都是特定意义上等价的。换言之，在几乎所有的图数据管理问题中，至少可以在结构等价性这一意义下，对问题求解方案加以简化。因此，我们认为寻找图数据中的对称性是图数据管理的主要思路之一。

虽然图数据对称性对于图数据管理问题的研究十分重要，但图数据管理领域对于图对称性的研究还很少见。因此有必要针对图数据的对称性及其在图数据管理中的应用展开系统的研究。

1.3.3　作为一种技术手段的图对称

需要指出的是，图结构对称性在一些研究领域得到了相当的重视。在代数图论领域[35, 49-51]，图对称是重要理论问题之一。在化学信息学[52-54]，小分子结构的对称性得到相当程度的关注，该领域的研究成果对于真实网络对称性研究很有启发意义，但仍需进一步发展。近几年来，图对称也越来越引起约束规划(constraint programming)[55]领域的重视，其主要思路是利用对称破缺显著缩减搜索空间，利用对称求解等价方案等。在算法复杂性领域，也有人开始意识到图对称性对于精确刻画算法复杂性的影响[56]。

然而，这些研究还只具有理论价值，对于大量存在于真实网络中的实际问题的支持还远远不够。要将图对称技术应用于面向真实网络的具体实际问题，面前仍有一道从理论到实践的巨大鸿沟需要跨越。跨越这样的鸿沟正是本书研究的出发点之一。

面向真实网络的对称性理论及实践研究尚未得到充分发展，这一事实是有其深层次的原因的。一般图论上的理论成果借助图的几何表示，显得比较直观，易于理解，从而易于被人们掌握。而网络对称性的研究主要依赖代数图论，这一领域较多地关注图的代数性质。而图的代数性质十分抽象，难以理解和把握。这是限制网络对称性研究的一个主要原因。目前，图的代数性质和其结构性质之间的关系还未得到充分理解，如图的自映射群上的某个具体特征在其图结构上有着怎样的表现，这些内容的研究还十分缺乏(本书第 6 章对于轨道邻接性的探索实质上就是这方面的工作)。因此，图的代数性质很难被人们形象地理解，代数图论作为工具也就很少能够被研究人员灵活使用。然而，图的代数性质的研究具有巨大的理论和实践价值，特别是对于真正意义上的图数据系统的实现而言尤为重要。关系数据库成功的一个很重要的原因是它建立在完善的关系代数理论基础之上。因此，图的代数性质也是建立有意义的图数据库系统的必要的理论基础。

第 2 章　网络对称性

本章将回顾网络对称性的数学基础，以及本书在真实网络对称性度量方面的初步成果。

在本书的研究过程中，我们发现，作为基础学科，虽然代数图论、置换群论等领域过去几十年取得了较大进展，但是相关研究更多地着眼于理论研究，而很多与实际应用密切相关的基础问题却未得到充分研究；作为应用学科，虽然数据管理领域有效地解决了很多实际问题，但是该领域的工作大都采用一些相对工程化的方法，使现有方案缺乏坚实的理论基础，从而缺乏说服力。因此，很大程度上，需要一座能够连接基础学科和应用学科的桥梁。本章试图整理一些作者近年来在这方面的探索和思考。

因此本章的回顾将重点阐述图论以及置换群论中的相关理论成果在实际应用中的具体意义，而不是仅仅给出其数学描述。本章将主要针对图数据管理的若干具体问题介绍这些基本数学概念，并讨论有可能对解决图数据管理的一些问题产生重要影响的性质和理论。

2.1　图 论 基 础

2.1.1　图的基本概念

图(graph)，在很多场合又被称为网络(network)，其本质是一个二元组 $G = G(V, E)$ ，其中 V 表示顶点集，$E \subseteq V \times V$ 表示边的集合。在很多场合，对于图 G ，其顶点集也记作 $V(G)$ ，边集记作 $E(G)$ 。图的本质是顶点集上的二元关系。如果二元组 $(u, v)(u, v \in V)$ 是有序的，也就是 $(u, v) \neq (v, u)$ ，图 G 就是有向图(directed graph)。如果二元组 $(u, v)(u, v \in V)$ 是无序的，也就是说 $(u, v) = (v, u)$ ，图 G 是无向图(undirected graph)。有向图中的关系通常表示为 $\langle u, v \rangle$ ，以与无向图中的边相区别。对于无向图 G ，如果 $(u, v) \in E$ ，那么顶点 u 和 v 是邻接(adjacent)的，且称 (u, v) 为无向图 G 的一条边(edge)。在有向图中，如果 $\langle u, v \rangle \in V$ ，那么 $\langle u, v \rangle$ 称作一条弧(arc)。在本书的论述中如果不特别指出，用到术语"图"时，指代的都是无向图。

如果顶点 u 与 v 邻接，那么顶点 v 是顶点 u 的邻居(neighbor)。顶点 u 的所有邻居的集合记作 $N(u)$ 。集合 $N(u)$ 的规模，也就是顶点 u 的邻居数目称为顶点 u

的度数(degree)。对于有向图，某个顶点的度数由出度(out-degree)和入度(in-degree)两部分组成。有向图 G 中的某个顶点 u 的出度定义为集合 $\{v|\langle u,v\rangle \in E(G)\}$ 的规模，顶点 u 的入度定义为 $\{v|\langle v,u\rangle \in E(G)\}$ 的规模。形象地解释，顶点 u 的出度是顶点在有向图中后继(successor)的数量，而 u 的入度是顶点在有向图中的前驱(predecessors)的数量。

图在可视化时，通常用圆点表示顶点，用线条表示顶点之间的关系。有向图中，通常用从 u 到 v 的箭头表示弧 $\langle u,v\rangle$。在图 2.1 中显示了两个图，G_1 为无向图，G_2 为有向图，两者的顶点集均为 $V = \{v_1,v_2,v_3,v_4,v_5\}$，边集分别为 $E_1 = \{\langle v_1,v_2\rangle,\langle v_1,v_3\rangle,\langle v_1,v_4\rangle,\langle v_1,v_5\rangle,\langle v_2,v_3\rangle,\langle v_3,v_4\rangle,\langle v_4,v_5\rangle\}$，$E_2 = \{\langle v_1,v_2\rangle,\langle v_1,v_3\rangle,\langle v_1,v_4\rangle,\langle v_5,v_1\rangle,\langle v_2,v_3\rangle,\langle v_3,v_4\rangle,\langle v_4,v_5\rangle\}$。图的另一种常见表示形式是邻接矩阵(adjacency matrix)。无向图 $G(V,E)$ 的邻接矩阵 A 是一个 $n \times n (n = |V(G)|)$ 的矩阵，其中每个元素

$$A_{ij} = \begin{cases} 1, & (v_i,v_j) \in E \\ 0, & (v_i,v_j) \notin E \end{cases} \tag{2.1}$$

类似地，可以定义有向图的邻接矩阵。在图 2.2 中，我们为图 2.1 的两个网络，展示了经过着色的邻接矩阵。矩阵中，1 被标记为黑色，0 为白色。显然，无向图的邻接矩阵沿对角线对称。

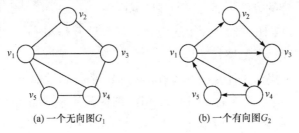

(a) 一个无向图 G_1　　　　　　　　(b) 一个有向图 G_2

图 2.1　无向图和有向图

图 G 中的一条路径(path) P 是一个顶点序列 $v_1,v_2,\cdots,v_k$，其中 $v_j \in V(G)$ $(1 \leqslant j \leqslant k)$ 且 $(v_j,v_{j+1}) \in E(G)(1 \leqslant j < k)$。顶点 v_1 和 v_k 通过路径 P 相连接(linked)，且被称为路径 P 的两个端点(ends)。路径 P 的长度(length)是该路径中边的数量，也就是 $\text{len}(P) = k-1$。路径 P 是简单(simple)的如果路径中的所有顶点都不重复，也就是说对于任意 $1 \leqslant i,j \leqslant k$，$v_i \neq v_j$。路径 P 称为一个环(cycle)如果 $v_1 = v_k$。在本书的论述中，若不特别指出，讨论路径时指的都是简单路径。通常用 $(v_j,v_{j+1}) \in P$ 表示边 (v_j,v_{j+1}) 出现在路径 P 中。在有向图中，如果存在一条从顶点 u 到顶点 v 的路径，则称顶点 u 到 v 是可达的。需要指出的是，连通的无向图中，这种可达关系是对称

的，而在有向图中则不一定，也就是说u到v可达，不一定有v到u可达。

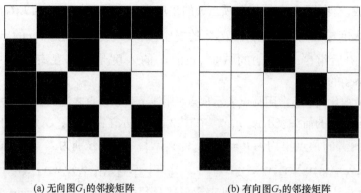

(a) 无向图G_1的邻接矩阵　　　　　　(b) 有向图G_2的邻接矩阵

图 2.2　无向图和有向图的邻接矩阵

图的邻接矩阵和路径之间最为典型的关系可以用定理 2.1 描述。需要指出的是这里的路径包括顶点可以重复的非简单路径。这一定理对于图中的路径数量的估算而言是比较重要的，可以用于基于路径的图索引等问题。对于有向图的可达查询(reachability query)问题，也就是判定两个顶点之间是否存在可达路径，也有着重要的价值。但是，不使用额外的技巧，矩阵乘法的直接计算代价是$O(n^3)$，对于大图而言，这样的方法仍然有着明显的局限性。

定理 2.1　如果图G的邻接矩阵为A，那么对于$k = 0,1,\cdots$，A_{ij}^k表示的是图中顶点v_i到v_j的长度为k的路径数目。

在图G中，如果对于任意两个顶点$u,v \in V(G)(u \neq v)$，都存在一条连接顶点u和v的路径，那么图G是连通的(connected)。图G是简单图(simple graph)，如果图中不存在自环(也就是$(u,u) \notin E(G)$对于任意顶点$v \in V(G)$)。在本书中，大部分情况下，无特别说明时，图都是指连通的简单图。

图G是无环图(acyclic)如果图G中不存在任何环。一个连通的无环的无向图称为自由树(free tree)。如果一棵自由树中的某个顶点被识别出来作为这棵树的根，那么这棵树称为有根树(rooted tree)。如果有根树的每个非叶子节点的孩子都是有序的，又称这棵树为有序树(ordered tree)。

树是图的一个特例。但是树自身却有着非常重要的研究价值。值得指出的是数据管理领域过去几十年取得的成就多是针对线性结构(如关系数据库中的元组)和树型结构(如 XML 数据)的。主要原因在于，线性结构最为简单，比较容易在此基础上建立相应的完善的代数系统。树型结构相对复杂，但是一旦给定了顶点之间的序关系，树型结构很容易向线性结构转换，从而也能够得到有效解决。而图结构更为一般化，则复杂很多。例如，同样是模式匹配问题，树之间的模式匹配很多情况下是多项式级别的复杂性，而一般图的匹配则是 NP-Complete(如子图同构匹配)，甚至至今悬而未决(如图同构匹配)。因此研究图的问题一个很重要的思路是建立起图与树之间的关系。简单来说，就是从图中寻找树结构。这成为解决很多图问题的有效思路。这一思路背后的一个根本问题是：图和树的根本差异何在? 寻找这一差异是考察图和树之间关系的根本。

不难给出答案，图实质上可以理解为树与环的组合。因此，环可以理解为连接图和树的桥梁。图中环越多，可以认为图越偏离树结构，在直觉上也越复杂。那么图中究竟有多少环呢? 回答这一问题是估计很多图算法效率的基础。利用邻接矩阵，可以对长度为 2 的环(也就是边)，以及长度为 3 的环(也就是三角形(triangle))作出准确估计。依据定理 2.1，可以给出下面的推论。长度大于等于 4 的环也存在一定的结论，但是需要给定更多的图信息。推论 2.1 对于三角形数量的估计，对于图或真实网络的平均聚集系数的计算十分有用。

推论 2.1 给定图 G 的邻接矩阵 A，以及图的度序列 $d_1, d_2, \cdots, d_n$，有以下结论成立。

(1) $A_{ii}^2 = d(v_i)$。

(2) $|E(G)| = \frac{1}{2} \sum_{1 \leqslant i \leqslant n} d(v_i) = \frac{1}{2} \mathrm{tr}(A^2)$。

(3) 图 G 中三角形的数量为 $\frac{1}{6} \mathrm{tr}(A^3)$。

其中，$d(v_i)$ 为顶点 v_i 的度数，$\mathrm{tr}(A)$ 表示矩阵 A 的对角线元素之和。

定理 2.1 及其推论一个直接应用是计算网络的聚集系数(clustering coefficient)。真实网络中，特别是社会网络中，通常人们会发现，B 和 C 都认识 A 时，往往 B 与 C 也互相认识。为了度量网络中关系形成的传递性。人们提出了网络的聚集系数的概念，定义为

$$c = \frac{6 \times 网络中的三角形数目}{网络中长度为2的路径的数目}$$

考虑到在真实网络中，三角形的子结构越多的网络，其聚集程度越大，也就是说网络新的关系由关系的传递性而导致的概率越高。根据定理 2.1 及其推论，不难计算网络的聚集系数:

$$c = \frac{\mathrm{tr}(A^3)}{\sum_{i<j} A_{ij}^2}$$

在有关图的计算中，有一类特殊的环十分重要，称为基本环(fundamental cycle)。前面已经提及，图可以理解为树和环的组合。对于图 G，当给定图 G 的一棵生成

树 T(顶点集为 $V(G)$ 的树)时，可以用 $E(G-T)$ 表示不在树上的边的集合，那么对于任意一条边 $(x,y) \in E(G-T)$，(x,y) 都与树中一条路径 P_{xy} 构成环，我们把这个环称为关于树 T 由边 (x,y) 生成的基本环。由于生成树中共有 $|V(G)|-1$ 条边，所以对于 G 的任意生成树 T，共有 $|E(G-T)|=|E(G)|-(|V(G)|-1)$ 个基本环。图 2.3(a) 是图 2.1(a)所示的 G_1 的一个生成树 T。易得 $E(G_1-T)=\{(v_1,v_2),(v_3,v_4),(v_1,v_5)\}$，所以不难得到相应的由这些边生成的环(图 2.3(b))。很显然，基本环只是网络中的部分环。例如，对于图 G_1，显然环 $v_1v_3v_4v_5$ 相对于树 T 而言就不是基本环。但基本环一个良好的性质是，网络中的任意环都可以由基本环生成。这一事实以及具体的生成方式由定理 2.2 给出。这也正是这些环被称为基本环的原因。

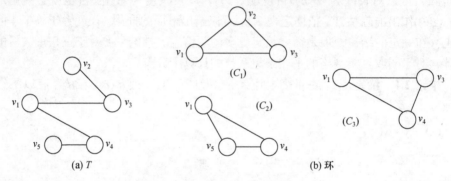

图 2.3　生成树以及相应的基本环

定理 2.2　令 T 为图 G 的一个生成树，令 C 为一个包含 $k(k>1)$ 个属于 $G-T$ 的边的 $u_1v_1,u_2v_2,\cdots,u_kv_k$，那么 $C=C_{u_1v_1}\oplus C_{u_2v_2}\cdots\oplus C_{u_kv_k}$。其中 $\oplus$ 为异或(exclusive or)操作。

例 2.1　本例说明定理 2.2 的正确性。对于图 2.1(a)所示的 G_1，显然 $C=v_1v_3v_4v_5$ 是此图的一个环。对于生成树 T (图 2.3(a))，显然环 $C=v_1v_3v_4v_5$ 包含边 (v_1,v_5)，$(v_3,v_4) \in G-T$，不难验证可以通过环 C_2 和环 C_3 通过异或操作得到。

2.1.2　图之间的关系

任意给定两个图，它们之间可能满足一定的关系。本节将重点讨论图之间的各种可能的关系。图之间的各种关系是研究图问题的基础。

1. 子图关系

图 $G(V,E)$ 和图 $G'(V',E')$ 是相同的当且仅当 $V=V',E=E'$。否则这两个图就是不同的(distinct)。图 $G'(V',E')$ 是图 $G(V,E)$ 的子图(subgraph)，或图 $G(V,E)$ 是图 $G'(V',E')$ 的父图(supergraph)，当且仅当 $V' \subseteq V$，$E' \subseteq E$。在图 G 的子图中，有一

种特殊的子图，称为导出子图(induced subgraph)，由于导出子图具有很多良好性质，在很多问题的研究中尤为值得关注。严格来讲，如果图 $G'(V',E')$ 是图 $G(V,E)$ 的子图，且 $E'=(V'\times V')\bigcap E$，那么 G' 是 G 的一个导出子图。形象地来讲，导出子图是保留了其顶点集在父图之间的所有边的子图。图 2.4 所示的 G_1'、G_2' 都是图 2.1(a)所示的 G_1 的子图，但只有 G_2' 才是 G_1 的导出子图。如果子图 G' 保留父图 G 的顶点集，也就是 $V(G')=V(G)$，那么子图 G' 是图 G 的生成子图(spanning subgraph)。如果生成子图是一棵树，那么这个生成子图又称为生成树(spanning tree)。生成树通常可以通过图的遍历过程得到，包括深度优先搜索和宽度优先搜索两种，这两种遍历过程可以分别得到两类生成树：DFS 树和 BFS 树。图 2.5 显示了一棵DFS 生成树。

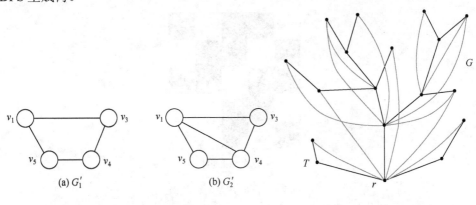

图 2.4　子图和导出子图　　　　　　图 2.5　图的生成树

2. 同构关系

上述关于两图相同的条件过于严格，事实上在很多场合下，虽然两图具有不同的顶点集，但是它们却有着相同的拓扑结构。如图 2.6(a)所示的图 H，它与图 2.1(a)有着不同的顶点集，但却有着相同的拓扑结构。如何描述不同图之间的这种在拓扑意义下的等价呢？同构这一概念表达了这种等价性。直观地来讲，两图在拓扑意义下是等价的，意味着两图的顶点集的规模是一样的，且能够找到至少一个一一映射将其中一个图的顶点集映射到另一个图的顶点集，使得在此一一映射下，两图的邻接关系相同。这就是图同构的直观阐述。图 2.6(b)所示的就是图 G_1 的顶点集和 H 的顶点集之间的一一映射。不难验证，在此映射下图的邻接关系得以完全保持(需要注意的是，严格来讲映射是单向的，但因为同构映射是一一映射，必定存在相应的逆映射，且该逆映射也是两图之间的一个同构映射，所以图 2.6(b)所示的映射画成了双向)。图同构可以严格定义如下：图 X 和图 Y 是同构

(isomorphic)的，记作 $X \cong Y$，如果存在一个双射(bijection)(或称为一一映射) $\phi : V(X) \rightarrow V(Y)$ 使得 $(u,v) \in E(X)$ 且仅当 $(\phi(u), \phi(v)) \in E(Y)$。这一映射 ϕ，被称为图 X 到 Y 的同构映射(isomorphism)。

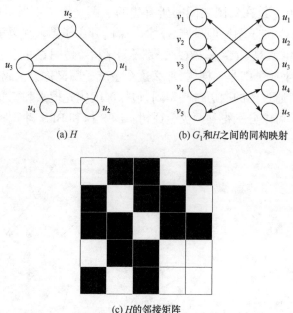

(a) H　　　　　　　(b) G_1 和 H 之间的同构映射

(c) H 的邻接矩阵

图 2.6　图同构及同构映射

　　不难验证如果 ϕ 是从 X 到 Y 的同构映射，则 ϕ^{-1} 是一个从 Y 到 X 的同构映射。因此同构关系是对称的，也就是说 $X \cong Y$，必有图 $Y \cong X$。进一步利用双射的性质容易推断，同构关系也是满足传递性的，也就是如果 $X \cong Y$，$Y \cong Z$，必有 $X \cong Z$。此外，对于任意图 X，均有 $X \cong X$ 成立。因此，同构关系是图空间上的一个等价关系。这样一来，对于给定的图空间，可以根据同构关系，将其划分为若干等价类，每个等价类中的图彼此之间都是同构的。

　　为了简化研究，后面的论述中将所研究的图空间限定在某特定顶点集 V 上。也就是，若不特别指明，图的顶点集是相同的。不难验证，对于顶点集 V 上的任意置换 $\pi \in S(V)$ (这里 $S(V)$ 是顶点集 V 上的置换的集合)都是从 G 到 G^π 的同构映射。也就是说，图 G 在其顶点集的任意置换作用下，都得到一个与之同构的图。那么与 G 同构的图记作 $\overline{G} = \{G^\pi \mid \pi \in S(V)\}$。如此，可以将 $\overline{G}$ 理解为与 G 同构的抽象类或者代表元。

　　图同构关系同样也体现在相应的邻接矩阵上。令 P_π 为顶点集 V 上的置换相应的初等变换矩阵，那么来自于顶点集 V 的两个图 G 和 G' 是同构的，当且仅当其相

应的邻接矩阵 A 和 A' 满足 $A = P_\pi^t A' P_\pi$。图 2.6(c)所示是图 H 的邻接矩阵。不难验证，可以通过对图 G_1 的邻接矩阵施加图 2.6(b)所示的置换所对应的变换矩阵，得到图 H 的邻接矩阵。

图同构关系在图数据库场景下很重要，因为同构的图具有相同的拓扑结构，这种冗余是有效约简图空间的基础。进一步，同构的图在很多面向图的度量下取得相同的值。在同构意义下有着相同取值的图的度量称为图不变量(graph invariant)。严格来说，令 G 为图集合，图的度量 $f: G \to R^\rho$，称为(ρ-维)图不变量，如果 $X \cong Y(X, Y \in G) \Rightarrow f(X) = f(Y)$ 成立。

绝大多数常见的图度量都是图的不变量，包括基于图的结构性质的度量，如图的连通性、平面性、图是否是树、图是否是二分图、度分布、小世界、平均最短路径长度、直径、可传递性、模块性等。但是，也不难构造不满足图不变量定义的度量。例如，虽然图 G_1 和 H 同构，但是它们的邻接矩阵 $\mathrm{Adj}(G_1)$ 和 $\mathrm{Adj}(H)$ 显然不同，因此基于邻接矩阵构造的度量大多数不是图的不变量。其中一种常见的度量，就是将邻接矩阵按行展开成一个二进制数。如式(2.2)所示，可以将图编码成一个整数：

$$\mathrm{cd}(G) = \sum_{1 \leqslant i \leqslant n} \sum_{1 \leqslant j \leqslant n} \mathrm{Adj}(G)_{ij} 2^{n^2 - (i-1)n - j} \tag{2.2}$$

可以计算

$$\mathrm{cd}(G_1) = 1111, 10100, 11010, 10101, 10010$$
$$\mathrm{cd}(H) = 1101, 10110, 11011, 01100, 10100$$

显然 $\mathrm{cd}(G_1) \neq \mathrm{cd}(H)$。

如果 f 是图的不变量，并且还满足 $f(X) = f(Y) \Rightarrow X \cong Y$，那么 f 是图的完全不变量(complete invariant)。图的完全不变量在面向图的计算中扮演着重要角色。设计和计算图的完全不变量甚至可以说是绝大多数图数据管理研究的根本性的问题。因为一旦图编码为其相应的完全不变量，就可以直接利用相应的值进行图的同构判定。如果某个完全不变量能够以较小的计算代价获取，并且能较方便地判定子图同构。那么可以说，困扰图数据管理领域的基本问题也就解决了。但遗憾的是，虽然在各个领域，包括化学信息学和图数据管理领域(如 DFSCode[48]、GString[57]等)进行了大量的尝试，但都只能对具有特定特征的图数据取得一定程度的较好的实际效果。在理论上，计算图的完全不变量和图同构判定是一样复杂的。

设计一个图的完全不变量并不困难，但是无法保证能以较小的计算代价实现。例如，对于一类与图 G 同构的图集合 $\bar{G}$，可以定义：

$$cd'(G) = \min_{\pi \in S(V(G))} cd(P_\pi^t \mathrm{Adj}(G) P_\pi)$$

不难证明，$cd'(G)$ 是图上的一个完全不变量。事实上，此处图的完全不变量的设计思路是非常简单而实用的：对于与图 G 同构的图集合 $\bar{G}$ 中，选择某个度量下的极值(度量必须满足对于不同的图，取值不同的条件)。常见的图不变量，包括数据管理领域所提的 DFSCode、GString 都是依据这个思路设计的。显然这种图不变量计算效率的高低取决于与图 G 同构的图的数量。

图同构的概念有很多变体。事实上，在某些应用中，图中的顶点往往会带有一定的属性。例如，社会网络中，不同的顶点可以赋予不同的角色，不同的顶点拥有不同的年龄等。对于这些顶点带属性的图，在定义两图同构时还需要约束同构映射能够保持顶点的属性信息。也就是说，如果假定 $l: V(X) \to L$ 和 $l': V(Y) \to L$ 分别是图 X 和 Y 的顶点集上的属性函数，ϕ 是 X 到 Y 的同构映射还需满足 $l(v) = l'(\phi(v))$。类似地，也可以定义考虑边上属性的约束，并给出相应的图同构定义。

顶点集上任意一个置换作用于图 X，都可以得到一个与 X 同构的图。因此，潜在的与图 X 同构的图数量是巨大的。但是在研究顶点带属性的图之间的同构映射时，因为同构映射必须保持顶点属性，所以当图中的顶点属性比较异构时，也就是某个点对有相同的属性的概率很低时，两图之间的同构映射数量会显著减少。考虑极端的情况，如在任意一图中，任意顶点都可以由某个属性唯一标识，此时图之间的同构映射至多有一个。这是很多同构判定算法在搜索候选映射时常用的剪枝策略。

需要指出的是，给定图 X，在顶点集上的任意置换作用下，得到的图 Y 不仅同构于图 X，也有可能进一步满足 $X = Y$。这是由于图自身的对称性的存在，同构映射有可能将图映射到其自身。那么在一个置换的作用下，究竟能得到多少不同的图则是一个比较重要的问题。这一问题将在进一步阐述图的自映射之后深入讨论。

3. 子图同构

如果图 X 同构于图 Y 某个子图 Y_1，那么称图 X 子图同构(subgraph isomorphic)于 Y，记作 $X \leqslant Y$。从图 X 到 Y_1 的映射称为子图同构映射。显然如果图 X 子图同构于 Y，它们之间的子图同构映射不一定唯一。图 Y 中所有满足 $X \cong Y_i$ 的子图 Y_i 称为图 X 在图 Y 中的出现(occurrences)。判定两图是否满足子图同构关系已经被证明是 NP-Complete 问题[58]。需要注意的是判定问题只需找到一个出现，即可返回结果为真。在有些场合，不仅要判定是否满足子图同构关系，更需要枚举所有的出现，并根据预先设定的标准，对这些出现进行排序。

　　值得指出的是图数据管理领域一直以来研究较多的图查询问题，多是根据给定的查询图 Q 和图集合 $\boldsymbol{G} = \{G_1, G_2, \cdots, G_n\}$，查询满足 $Q \preccurlyeq G_i$ 的图 G_i。但事实上，随着真实的大网络数据越来越多，从大网络中查询给定查询图在其中的所有出现越来越重要。严格来讲，给定图 G 和查询图 Q，需要返回所有 $Y \subseteq \boldsymbol{G}, Y \cong Q$。根据实际应用，这一问题也有可能有很多变种，如根据给定的标准，仅返回 Top$k$(前 k 个)；也有可能进一步约束查询结果 Y 是 G 的导出子图等。

　　图数据管理领域正在经历问题场景的深刻变化：从图数据库演变成面向大图的管理。这一场景的变换使问题的解决更加复杂。其根本原因在于：大网络结构是若干小网络的非线性叠加，这使得处理大网络上的子图查询时无法简单地将大网络分解成小网络的组合，然后直接利用现有图数据库上成熟的图查询技术。而真实的大网络本身可能存在丰富的性质，如规则子结构的存在、小世界特性等又为这一问题的解决提供了新的机遇。如何依据大图的性质，应用数据管理的技术手段解决面向真实的大网络上的数据管理问题，将是一个全新的富有挑战性的问题。

4. (子图)同胚关系

　　图同构判定以及子图同构判定可以理解为一种图的模式匹配。在很多应用中，这两种模式匹配要求显得过于严格。事实上，在某些应用中，常常要求允许跳点和顶点失配的非精确匹配。如图 2.7 所示，虽然图 G_2 不是图 G_1 的子图，但是如果允许跳点或顶点失配，图 G_2 仍然可以视作与图 G_1 相匹配。换言之，G_2 与 G_1 在忽略细节的宏观拓扑结构上是匹配的，也就是说如果将 G_1 中的路径压缩成 G_2 中的相应的边，G_2 保留了 G_1 的宏观拓扑结构。

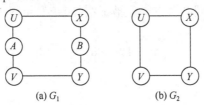

(a) G_1　　　　　　(b) G_2

图 2.7　图之间的非精确匹配

　　上述图之间的非精确匹配在很多真实应用中有着广泛需求，如蛋白质交互网络的保守频繁子图模式发现[59,60]，就需要挖掘这种允许跳点和顶点失配的非精确模式。相似地，在社会网络分析中，顶点之间的直接关系往往不是问题研究的核心，而高层次的抽象的结构往往是人们关注的焦点[61]。

　　上述非精确图模式匹配可以利用拓扑基理论严格阐述[62,63]。图 G 的一个拓扑基(topological minor)是通过把图中的独立路径压缩成边而得到的。图中一组路径是独立的(independent)，如果对于其中任一条路径，其内部节点不出现在任意另一条路径中。换句话说，如果两条路径相交，它们仅能在端点处相交。例如，在图 2.8 中，X 是 Y 的一个拓扑基，因为 X 可以通过压缩 G 中的独立路径得到，而 G 是 Y 的子图。显然，压缩独立路径可以约简网络结构而不会损失网络的宏观拓扑结构信息。

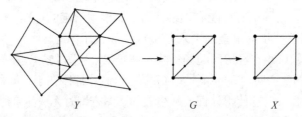

Y　　　　　　　　G　　　　　　　　X

图 2.8　拓扑基

严格来说，如图 2.8 所示，我们把 X 中所有边用一组独立路径代替而得到的图 G 称为图 X 的一个细分(subdivision)，记作 $T(X)$。如果图 G 是图 Y 的子图，那么 X 是 Y 的一个拓扑基。作为图 X 的细分和图 Y 的子图，如果图 G 是通过把 X 中边替换为长度从 l 到 h 的独立路径而得到的，则称 G 是 X 的 (l,h)-细分，且 X 是 Y 的 (l,h)-拓扑基。

给定图 X 和 Y，如果 X 是 Y 的拓扑基，那么存在一个相应的从 X 到 Y 的顶点不相交的子图同胚映射(node disjoint subgraph homeomorphism)，这个同胚映射包含一组从 X 到 Y 的内射 (f,g)，其中 f 是从 $V(X)$ 到 $V(Y)$ 的内射，而 g 是从 $E(X)$ 到 Y 的简单路径集合的映射，且满足：①对于任意 $e(v_1,v_2) \in E(X)$，$g(e)$ 是 Y 中的以 $f(v_1)$ 和 $f(v_2)$ 为端点的简单路径；②$g(E(X))$ 为 Y 中的一组独立路径。判定两图是否满足子图同胚关系已经被证明是 NP-Complete 问题[64]。

2.2　代　数　基　础

2.2.1　集合和群

本节的介绍从集合开始。一个集合是指相异的确定的元素的组合。集合 V 的一个划分(partition)是 V 的子集的集合 $\{V_1,V_2,\cdots,V_m\}$，并且满足对于任意 $1 \leqslant i$, $j \leqslant m, i \neq j, V_i \bigcap V_j = \varnothing; \bigcup_{1 \leqslant i \leqslant m} V_i = V$。每个 V_i 称为一个单元(cell)。如果 V_i 仅包含一个元素，那么称为平凡单元(trivial cell)。如果划分中的每个单元都是平凡单元，该划分称为离散划分(discrete partition)。如果划分只包含一个单元，则称为单元划分(unit partition)。集合 V 上的划分蕴含着 V 上的一个等价关系。也就是说给定集合 V 上的任意一个等价关系，都可以得到该等价关系下的划分，通常把这种划分称为等价关系导出(induced)的划分。对于某个集合，可以得到不同的划分。对于集合 V 上的两个划分 P 和 Q，如果 P 的每个单元都是 Q 的某个单元的子集，那么 P 比 Q 细致(finer)，或者 Q 比 P 粗糙(coarser)。

对于集合 V，映射(mapping) $f:V \rightarrow V$ 对于每个 $x \in V$ 分配一个镜像 $y = x^f \in V$。如果 $x \neq y \Rightarrow x^f \neq y^f$，那么 f 称为单射(injective mapping)(或内射)；如果对于任意 $y \in V$，都存在 $x \in V$ 使得 $y = x^f$，那么 f 称为满射(surjective mapping)。如果 f 既满足单射也满足满射的条件，那么称为双射(bijective)，或者一一映射(one-to-one mapping)。从集合 V 到其自身的双射又称为集合 V 上的置换(permutation)。V 上有一个特殊置换，它将任意元素都映射到其自身，这个置换称为单位置换，通常记作 e。集合 V 上所有的置换的集合记作 $S(V)$。如果 $|V| = n$，不难验证 $|S(V)| = n!$。

进一步，可以定义集合上的二元操作(binary operation)。二元操作的基本特性是封闭性，也就是对于集合 V 上的二元操作 $*$，对于任意 $a,b \in V$，存在唯一的元素 $c = a * b \in V$。既然置换本质上是映射，那么可以定义映射集合上的二元操作。$S(V)$ 上的二元操作：乘积(product)$\circ$，定义为对于 $f,g \in S(V), h = f \circ g$ (经常直接记为 fg)是满足 $x^h = (x^f)^g$ 的映射 $h:V \rightarrow V$。

对于定义了二元操作的集合，如 $(V,*)$，如果满足下面三个性质，集合 V 在操作 $*$ 下是一个群(group)。

(1) 对于任意 $a,b,c \in V$，$a*(b*c) = (a*b)*c$ (也就是满足结合律)。

(2) 存在唯一的元素 $e \in V$，使得对于任意 $a \in V$，$e*a = a*e = a$，e 称为幺元 (neural element)。

(3) 对于任一元素 $a \in V$，都存在逆元(inverse element) $a^{-1} \in X$ 使得 $a*a^{-1} = a^{-1}*a = e$。

如果群中的元素都是置换，这个群称为置换群。置换群是研究图对称的基本工具。本书后续的研究都是基于此展开的。可以证明，对于定义在集合 V 上的置换集合 $S(V)$，在置换乘积操作下是一个群，称为对称群(symmetric group)。在一些场合下，如果 $|V| = n$，群 $S(V)$ 又记作 S_n，显然 $|S_n| = n!$。N 个顶点的完全图或者孤立顶点的自映射群正是 S_n。

2.2.2　置换以及置换群

对于图 G_1 的顶点集，可以定义一个双射将 $v_i \rightarrow i$。事实上对于任意给定的顶点集，总可以将其映射到一个整数集合。因此，对于顶点集 V，其上的置换集合可以表示为 $S_n(n = |V|)$。对于图 2.1(a)所示的 G_1，可以令 $V = \{1,2,3,4,5\}$，那么 G_1

到 H 的同构映射可以理解为 V 上的一个置换，并可以表达为一个两行的表：

$$g = \begin{pmatrix} 1,2,3,4,5 \\ 3,5,1,2,4 \end{pmatrix}$$

其中，第一列的两个值 $\begin{pmatrix} i \\ j \end{pmatrix}$ 表示 G_1 中的顶点 i 映射到相应的 H 中的顶点 j。V 上的任一置换 f 也可以表示为环状图，其中顶点为 V，对于每个 $x \in V$，存在一条从 x 到 x^f 的弧。图 2.9 给出了置换 g 相应的环状图。容易验证，环状图必定是不相交的环的组合[65]，定理 2.3 描述了这一事实。因此，可以采用两个不相交的环表示置换 $g = (1,3)(2,5,4)$。

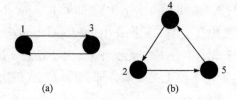

图 2.9　置换的环状表示

对于 $S(V)$ 中的某个置换 g，可以定义相应的置换矩阵为 $M(g)$ 为

$$m_{ij} = \begin{cases} 1, & j^g = i \\ 0, & \text{其他} \end{cases} \tag{2.3}$$

对于置换 g，有

$$M(g) = \begin{bmatrix} 0 & 0 & 1 & 0 & 0 \\ 0 & 0 & 0 & 0 & 1 \\ 1 & 0 & 0 & 0 & 0 \\ 0 & 1 & 0 & 0 & 0 \\ 0 & 0 & 0 & 1 & 0 \end{bmatrix} \tag{2.4}$$

定理 2.3　每个置换 $g \in S_n$ 是一个环或者是几个不相交的环的乘积。

上述置换的表示是基于定理 2.3。某个置换 $g \in S_n$ 可能会保持某些 i 不变，也就是 $i^g = i$。那么在置换表示时，i 将成为只含一个点的环，称为 1-cycle。1-cycle 等价于单位置换 e。通常 1-cycle 在置换的环状表示中可以忽略。定理 2.3 告诉我们任何置换事实上都可以分解成若干不相交的环和若干单位置换的乘积。也就是对于任意 $g \in S_n$，都有 $g = f_1 f_2, \cdots, f_t (f_i \in S_n)$。这种置换的分解称为完全分解 (complete factorization)。令 $F(g) = \{f_1, \cdots, f_t\}$，那么可以证明，对于每个 $g \in S_n$，$F(g)$ 是唯一的。

2.2.3 自映射

给定图 $G(V,E)$，在顶点集 V 上的某个置换 $g \in S(V)$ 作用下，可以定义置换对于图上的邻接关系 E 的导出作用(induced action)，具体而言 $E^g = \{(u^g, v^g) \mid (u, v) \in E\}$。

给定上述定义后，通过观察，我们发现 $S(V)$ 中某些置换 g 能够保持顶点集上的邻接关系(也就是 $E^g = E$)，而另外一些置换则不能。在如图 2.10 所示的对称图中，能够保持邻接关系的置换包括：$g_1 = (1,2)$，$g_2 = (5,6)$，$g_3 = (5,7)$，$g_4 = (6,7)$，$g_5 = (5,6,7)$，$g_6 = (5,7,6)$，$g_1g_2, g_1g_3, g_1g_4, g_1g_5, g_1g_6$ 以及单位置换 e，共 12 个。其余的置换，如 $h = (3,4)$ 则不能保持 E。$S(V)$ 中那些能够保持图的邻接关系的置换称为自映射(automorphism)。

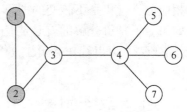

图 2.10 一个对称图

对于图 G 中的自映射，一个重要的结论是所有自映射的集合 $\mathrm{Aut}(G) = \{g \in S(V) \mid E^g = E\}$ 在置换乘积操作下构成一个群。例如，对于上述 12 个自映射构成的集合，首先可以验证在置换乘积操作下是封闭的，对于任一自映射，都存在逆映射，如 $g_2^{-1} = g_2, g_5^{-1} = g_6$，幺元显然是 e。因此图 2.10 的自映射在乘积操作下是群。自映射体现在矩阵上也有较为明显的性质。显然对于自映射 $\pi \in \mathrm{Aut}(G)$，以及 G 相应的邻接矩阵 A，等式 $A = P_\pi^t A P_\pi$ 成立。考虑到对于置换矩阵，$P_\pi^t = P_\pi^{-1}$，所以有 $P_\pi A = A P_\pi$。

对于置换 $g \in S(V)$，可以定义其支持集(support set)，$\mathrm{supp}(g) = \{v \in V \mid v^g \neq v\}$，也就是被置换 g 映射到不同节点的顶点。如果 $\alpha, \beta \in S(V)$，且 $\mathrm{supp}(\alpha) \cap \mathrm{supp}(\beta) = \varnothing$，那么置换 α、β 是支持集不相交的(support disjoint)。类似地，如果对于两个置换群 A、B，对于任一 $\alpha \in A$，任一 $\beta \in B$，都有 α、β 是支持集不相交的，那么 A、B 是支持集不相交的。

进一步观察，可以发现，$\mathrm{Aut}(G)$ 中不同的自映射的支持集的规模差异很大。例如，$\mathrm{supp}(g_1) = \{1,2\}$，其规模为 2；$\mathrm{supp}(g_5) = \{5,6,7\}$，其规模为 3；$\mathrm{supp}(g_1g_5) = \{1,2,5,6,7\}$，其规模为 5。也就是一些自映射即使变换了网络中大部分点却仍然能够保持顶点集上的邻接关系，而另一些置换却只能在变换少量点的情况下保持顶点集上邻接关系。显然，自映射相应的支持集的规模刻画了自映射保持顶点集上邻接关系的容易程度(后面的章节将详细讨论相关的度量)。但是，g_1g_5 所表达的自映射对于图的邻接关系的作用结果，可以理解为 g_1 和 g_5 对图的邻接关系的作用的线性累加，且这种线性累加是顺序无关的，也就是说 $g_1g_5 = g_5g_1$。需要说明的是，顺序无关不是一个平凡的现象，因为在一般情况下自映射乘积操作不一定是可交换的，如 $g_3g_5 = g_4 \neq g_2 = g_5g_3$。因而，给定 g_1 和 g_5 之后，g_1g_5 可以理解为一种冗余。如何刻画这种冗余？可分解的自映射(indecomposable automorphism)描述了这一冗余。

如果自映射 $f \in \text{Aut}(G)(f \neq e)$ 能够表达成 $f = f_1f_2(f_1, f_2 \in \text{Aut}(G))$ 且 $\text{supp}(f_1)$ $\bigcap \text{supp}(f_2) = \emptyset \Rightarrow f_1 = e \text{ or } f_2 = e$，那么 f 称为不可分解的(indecomposable)；否则 f 是可分解的(decomposable)。因此，可分解的自映射实质上可以通过不可分解自映射的乘积得到，因而在描述图的自映射集时，可以视作冗余的。需要注意的是，一个自映射的分解不是唯一的，如 $h = g_1g_4 = g_1g_3g_5 = he$ 就有着多种分解。对于可分解的自映射，只要找到一个分解方案，使之满足任一分解因子不等于 e 且其相应的支持集是不相交的即可。可分解与不可分解是概念完全互补的，也就是如果 g 不是可分解的就必定是不可分解的。图 G 的不可分解自映射的集合，记作 $\text{ID}(G)$，可以视作 $\text{Aut}(G)$ 的精简表达，在有关图的计算中，是提高效率的关键。

2.2.4 轨道与自映射等价性

对于图 $G(V, E)$ 的两个顶点 x, y，如果存在某个 $g \in \text{Aut}(G)$ 使得 $x^g = y$，那么 x 自映射等价(automorphically equivalent)于 y，记作 $x \sim y$。显然如果 $x^g = y$，必有 $y^{g^{-1}} = x$ 且 $g^{-1} \in \text{Aut}(G)$；对于任意 $x \in V$，都有 $x^e = x$；对于 $x^{g_1} = y, y^{g_2} = z, g_1,$ $g_2 \in \text{Aut}(G)$，有 $x^{g_1g_2} = z$ 且 $g_1g_2 \in \text{Aut}(G)$。因此，自映射等价关系是顶点集上一个等价关系，构成顶点集上的一个划分，称为自映射分区(automorphism partition)。自映射分区的每个单元称为 $\text{Aut}(G)$ 的轨道(orbit)。

如图 2.10 中，在 g_1 作用下，可以得到 1、2 顶点自映射等价，在置换 g_5 的作用下，可以得到 5、6、7 顶点等价。最终得到的划分用不同的颜色加以表示。颜色相同的顶点属于同一个轨道。

对于某个顶点集上的度量 $f : V \to \boldsymbol{R}$，如果 $x \sim y \Rightarrow f(x) = f(y)$，那么 f 是个顶点不变量(vertex invariant)。因此，轨道的所有顶点在顶点不变量度量下取值相同。一个重要的事实是，几乎所有常见的顶点度量都是顶点不变量，如介数、度数、聚集系数，经过该点的环(三角形等)的数量。但是，也必须指出，可以构造出不是顶点不变量的顶点度量。例如，对于图 2.10，可以定义 f 为到 1 号点的最短路径长度，这个度量就不满足顶点不变量的要求。那么是否存在一个充分条件刻画顶点不变量呢？这个问题仍是开放问题，如果能够得以解决，将是一个重要的突破。

自映射等价的顶点不仅在顶点不变量的刻画下是等价的，在很多其他更为复杂的描述下,也存在一定的等价性。对于自映射等价的顶点,存在多种等价性质,比如,到网络中其他顶点的可达信息是等价的、以该点为根的 BFS 树可以是相同的、顶点在维持网络的结构完整方面(也就是顶点在网络健壮性意义下的重要性)是等价的,等等。本书的后续章节将充分利用这种等价性来解决很多实际问题,如刻画网络复杂性、网络结构约简、约简最短路径索引等。因此,自映射等价在最严格意义上刻画了网络顶点之间的结构等价性。正因如此,通常自映射等价又称为结构等价。

2.2.5　置换群及其子群

令 S 为 G 的子集,且 G 在某个操作 $*$ 下是一个群。如果 $(S,*)$ 也是一个群,那么 S 为 G 的子群(subgroup),记作 $S \leqslant G$。也就是说 S 在 $*$ 操作下也是封闭的,且满足群概念中的三个条件。事实上,判定子集是否是一个子群时,只需部分条件成立,其他的条件也将成立。例如,如果 S 在 $*$ 操作下是封闭的并且对于每个 $s \in S$,都有 $s^{-1} \in S$,就可以自然地推导出其他条件。

如果 $H \leqslant G$,对于 $g \in G$,我们称 $Hg = \{hg \,|\, h \in H\}$ 为群 G 的一个右陪集(right coset)。同理可以定义相应子群的左陪集(left coset),这里主要针对右陪集进行讨论,所得结论同样也适用于左陪集。可以证明,任意两个右陪集 Hg' 和 Hg'' 要么不相交,要么相同。因此,群 G 可以分解为两两不相交的右陪集 $Hg_1, Hg_2, \cdots, Hg_m$,使得 $G = Hg_1 \bigcup Hg_2 \bigcup \cdots \bigcup Hg_m$。这里的值 m 称为子群 H 的指数(index of subgroup),通常记作 $[G:H]$。令 $|G|$ 为群 G 的规模(order),定义为群 G 中元素的数量。这样可以得到刻画子群和群之间的关系的 Lagrange 定理。在利用图对称性求解问题时,这一定理对于某些数量估计十分重要。不难证明对于图 $G(V, E)$,$\mathrm{Aut}(G)$ 是 $S(V)$ 的子群。

定理 2.4(Lagrange)　如果 G 是有限群并且 $H \leqslant G$,那么 $|H|$ 能够整除 $|G|$ 并且 $[G:H] = |G| / |H|$。

对于图 2.10,考虑 $H = \{e, g_2, g_3, g_4, g_5, g_6\}$ 构成的集合。可以验证 H 是 $\mathrm{Aut}(G)$ 的子群,且 Hg_1 和 He 构成 H 的所有可能的右陪群,构成了 $\mathrm{Aut}(G)$ 的划分。显然这里的例子满足 Lagrange 定理。

对于图 $G(V, E)$,令 $X = \{x_1, x_2, \cdots, x_k\} \subseteq V$。可以定义集合:

$$G_{x_1, x_2, \cdots, x_k} = \{g \in \mathrm{Aut}(G) \,|\, x_1^g = x_1, x_2^g = x_2, \cdots, x_k^g = x_k\}$$

为 X 在 $\mathrm{Aut}(G)$ 中的点意义下的稳定器(pointwise stabilizer)。类似地,可以定义:

$$G_{\{x_1, x_2, \cdots, x_k\}} = \{g \in \mathrm{Aut}(G) \,|\, X^g = X\}$$

为 X 在 $\mathrm{Aut}(G)$ 中的集合意义下的稳定器(setwise stabilizer)。可以证明,$G_{x_1, x_2, \cdots, x_k}$ 和

$G_{\{x_1,x_2,\cdots,x_k\}}$ 都是 Aut(G) 的子群。当 X 仅包含一个点，如 x 时，G_x 和 $G_{\{x\}}$ 相同，表达的都是 Aut(G) 中使 x 不动的自映射的集合。

定理 2.5(orbit-stabilizer)　对于图 $G(V,E)$，令 Orb(x) 为包含顶是 x 的轨道，那么有下面的等式成立：

$$|\mathrm{Orb}(x)| = [\mathrm{Aut}(G):G_x] = \frac{|\mathrm{Aut}(G)|}{|G_x|}$$

例如，对于图 2.10 中的顶点 1，有 $G_1 = H$。显然包含顶点 1 的轨道为 $\{1,2\}$，其规模为 2，等于 $[\mathrm{Aut}(G):G_1]$。

定理 2.5 的一个重要用途就是估计与图 X 同构的图的数量，如定理 2.6 所示。显然对于图 X 的顶点集上的置换集 $S(V)$，在每个 $g \in S(V)$ 的作用下，都得到一个与 X 同构的图，但 X 的自映射的存在，将使得对于每个 $h \in \mathrm{Aut}(X)$，$X^g = X$。由于 Aut(X) 是 $S(V)$ 的子群，根据定理 2.5，就很容易准确估算 $|X^{S(V)}|$。

定理 2.6　包含图 X 的同构类的规模为

$$\frac{n!}{|\mathrm{Aut}(X)|}$$

其中，$n=|X|$。

2.2.6　群的生成集

给定图 $G(V,E)$ 的自映射群 Aut(G)，令 $g_1,g_2,\cdots,g_m \in \mathrm{Aut}(G)$，如果任意 $g \in \mathrm{Aut}(G)$ 都可以表达为 $g_{i_1}g_{i_2}\cdots g_{i_k}(i_1,i_2,\cdots,i_k \in \{1,2,\cdots,m\})$，那么称由 $g_1,g_2,\cdots,g_m$ 构成的集合为 Aut(G) 的一个生成集。群 P 可以由某个生成集 X 生成的事实记作 $P = \langle X \rangle$。特别地，由某个单独的元素 x 生成的群称为循环群(cyclic group)，记作 $\langle x \rangle$。

对于图 2.10，$H' = \{e,g_5,g_6\}$ 构成 Aut(G) 的一个子群。可以验证 $H' = \langle g_5 \rangle = \langle g_6 \rangle$，因为 $g_5^2 = g_6$，$g_5^3 = e$，所以 H' 是一个循环群。

上面的例子也说明群的生成集不唯一。给定 Aut(G) 的某个生成集 $F = \{g_1,g_2,\cdots,g_m\}$。对于任一 $x \in V$，一般而言，无法确保 G_x，也就是保持 x 不动的子群，可以由 F 中的自映射序列生成。为了做到这一点，人们提出了强生成集(strong generating set)的概念。对于某个给定的顶点序列 $(x_1,x_2,\cdots,x_m)$(每个 $x_i \in V$)，如果 $G_{x_1,x_2,\cdots,x_m} = \{e\}$，则称该序列为群 Aut(G) 的基(base)。如果 F 满足对于每个 $G_{x_1,x_2,\cdots,x_l}(l \leqslant m)$ 都可以由 F 的某个子集生成，那么就称 F 是自映射群 Aut(G) 关于序列 $(x_1,x_2,\cdots,x_m)$ 的强生成集。

对于图 2.10，利用 Nauty 算法，计算得到其强生成集为 $F = \{\gamma_1,\gamma_2,\gamma_3\}$

$(\gamma_1 = (1,2), \gamma_2 = (6,7), \gamma_3 = (5,6))$。可以验证，对于顶点序列$(5,6,1)$，$\mathrm{Aut}(G) = \langle \gamma_1, \gamma_2, \gamma_3 \rangle$，且$|\mathrm{Aut}(G)| = 12; G_5 = \langle \gamma_1, \gamma_2 \rangle$，且$|G_5| = 4; G_{5,6} = \langle \gamma_1 \rangle$，且$|G_{5,6}| = 2; G_{5,6,1} = \{e\}$且$|G_{5,6,1}| = 1$。

值得一提的是 Nauty 算法不仅可以计算$\mathrm{Aut}(G)$的强生成集，且其生成集中的每个自映射都是不可分解的。因此，Nauty 算法所得到的$\mathrm{Aut}(G)$的强生成集是非常精简的，且拥有很多良好的性质。这种精简型和良好性质将在后面章节得到充分利用。

2.3　图结构对称

2.3.1　图对称的概念

网络结构对称刻画了网络在顶点集的置换作用下网络邻接关系保持不变的性质。这里的变换指的是顶点集上的置换，不变量考察的是顶点之间的邻接关系。越对称的网络，在顶点集上的某个置换作用下，保持邻接关系的概率越高；反之则越低。

在代数图论领域，早已给出对称图的严格定义：如果图$G(V,E)$中，存在一个自映射$g \neq e$，则称这个网络是对称的(symmetric)，否则是不对称的(asymmetric)。注意到在这个严格定义中，只要找到一个非平凡的自映射，网络就是对称的。因此，直觉上，人们容易认为很容易找到对称的网络。而事实上，对于小图，的确如此，本章目前为止的所有例图都是对称的，已知的最小的非对称网络结构如图2.11 所示。但是，当图足够大以后，在代数图论领域却可以严格证明出一个经典的结论，如下。

定理 2.7　几乎所有的图都是非对称的(almost all graphs are asymmetric)。

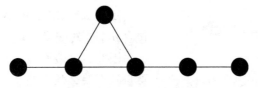

图 2.11　最小的非对称网络

为了理解定理 2.7，必须首先严格定义"几乎所有"的数学含义。令P为图的某个性质，如图是否是对称的、是否是平面图等。令r_n表示n个顶点的图中满足性质P的图的比率。"几乎所有"图都满足性质P是指$\lim_{n \to \infty} r_n = 1$。因此，网络足够大之后，找到对称网络的概率是很低的。然而，后面的章节会验证，大多数大型真实网络却是显著对称的，这在很大程度上反映了真实网络的结构形成不是偶然的、完全随机的，而是有着特定组织机制的。

这里必须区分图结构对称与图中顶点自映射等价这两个概念。两者刻画的都是图在顶点集置换作用下图的邻接关系保持不变的性质。不同的是，图结构对称是面向图的宏观性质的描述，而自映射等价是面向节点的微观性质的描述。宏观上对称的图在微观上表现为顶点之间的自映射等价性。图在宏观上越对称，表现在微观上，就是可以找到越多的自映射等价关系。

2.3.2　基本的变换操作

图结构对称的基本变换操作与空间对称的基本变换操作相似。对于任意给定的图 G，$\mathrm{Aut}(G)$ 可以理解为旋转(rotation)变换和镜像(reflection)变换及其组合。值得注意的是，本书研究的对象是有限规模的图，因而平移(transportation)变换对于真实网络问题不再适用。

如图 2.12 所示，对于 C_4，也就是拥有四个顶点的环，可以找到四个旋转变换，分别是(1)(2)(3)(4)，(1, 2, 3, 4)，(1, 3)(2, 4)，(1, 4, 3, 2)，分别表示顺时针旋转 $k \times 90°$ ($k = 0, 1, 2, 3$)。进一步观察，容易找到另外四个镜像变换，分别是(1, 2)(3, 4)，(1, 4)(2, 3)沿着横轴和纵轴镜像变换，以及(1)(3)(2, 4)，(2)(4)(1, 3)沿着对角线做镜像变换。可以验证四个旋转变换构成 $\mathrm{Aut}(G)$ 的子群，并且可以由(1, 2, 3, 4)生成，因此是一个循环群。

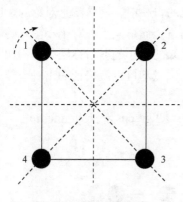

图 2.12　基本变换操作

对于 C_4，分别存在四个旋转变换和四个镜像变换。这一结果并非偶然。事实上对于任意 C_n，都存在着 n 个旋转变换和 n 个镜像变换(如定理 2.8 所述)。由于 $\mathrm{Aut}(C_n)$ 的这一特殊性质，通常又被称为二面体群，并记作 D_n。

定理 2.8　对于 $n \in N$，$|D_n| = 2n$，D_n 中包含 n 个旋转变换和 n 个镜像变换。

因此，一般而言，对于图 G，其中的任意自映射要么是上述基本对称变换，要么是这些基本变换操作的乘积。如图 2.13 所示，对于三个树型分支分别存在三个自映射子群 D_2，分别是 $\{e, (5, 6)\}, \{e, (7, 8)\}, \{e, (9, 10)\}$。它们的直接乘积可以产生 $2 \times 2 \times 2$ 共 8 个自映射。然而进一步观察可以发现，对于图 2.13，还存在一种新的自映射生成方式。显然，可以将三个树型分支抽象成为一个整体(图 2.13(b))，显然图 2.13(b)中存在一个 S_3 (或 D_3)的自映射群。也就是可以任意交换 T_1, T_2, T_3 而不改变图的邻接关系。对于图 2.13(b)的每一个自映射变换，在细粒度图上仍然存在 8 个自映射。所以，图 2.13(a)中共有 $2^3 \times 3! = 48$ 个自映射。这种组合新的自映射的方式有别于自映射之间的直接乘积，称为圈积(wreath product)。

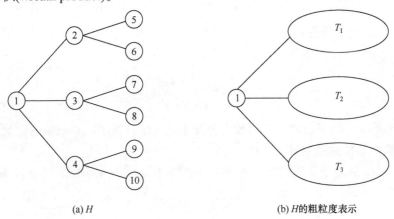

(a) H 　　　　　　　　　　　　　　　　(b) H的粗粒度表示

图 2.13　圈积示例

直观来讲，如果某个图 G 有 m 个同构的导出子图 G_{in}，且令 G_{out} 为将这 n 个子图分别压缩成一个顶点的粗粒度图。那么由 $\mathrm{Aut}(G_{in})$ 和 $\mathrm{Aut}(G_{out})$ 的圈积操作生成的自映射群，记作 $\mathrm{Aut}(G_{in}) \wr \mathrm{Aut}(G_{out})$，满足 $|\mathrm{Aut}(G_{in}) \wr \mathrm{Aut}(G_{out})| = |\mathrm{Aut}(G_{in})|^n \times |\mathrm{Aut}(G_{out})|$。

2.3.3　对称性度量

本节将主要讨论如何度量网络的对称性。最为直接的度量方法是利用网络中自映射的数量，也就是 $\alpha_G = |\mathrm{Aut}(G)|$ [66]作为网络对称程度的度量。显然，对于不同规模的网络，其最大的可能自映射数量取决于网络的规模(为 $N!$ 个)，因此，在比较不同规模的网络的对称程度时，需要考虑这一因素。通常用 β_G [33]来度量不同规模的网络的相对程度，其严格定义如下：

$$\beta_G = (\alpha_G / N!)^{1/N} \tag{2.5}$$

其中，N 为网络的顶点数量。显然，β_G 在[0, 1]范围内。需要注意的是，虽然理论上 $\alpha_G / N!$ 也在[0, 1]区间范围内，但对于大多数网络，相对于 $N!$ 而言 $|\mathrm{Aut}(G)|$ 是很小的数值。因而 $\alpha_G / N!$ 通常是个非常接近于 0 的值。所以，需要通过取 $1/N$ 方根放大 $\alpha_G / N!$，从而使最终的度量值在一个较为合理的区间内。

从微观的角度，也就是节点之间的自映射等价性角度，也可以定义一些对称性度量。如果网络中任意两个顶点都是自映射等价的，这种网络称为顶点可传递的(vertex transitive)。顶点可传递的网络的自映射分区是一个单元划分，也就是所有顶点都在一个等价类中，那么直觉上这个网络是非常对称的。对于有 N 个顶点的网络 G，自映射等价关系至多有 $\dfrac{N(N-1)}{2}$ 个，且当网络是顶点可传递时，取得最大值。那么对于任意给定的一个网络 G，令其自映射分区为 $\Delta = \{\Delta_1, \Delta_2, \cdots, \Delta_m\}$，则网络对称性程度可以量化为

$$\zeta_G = \frac{\sum_{1 \leqslant i \leqslant m}(|\Delta_i|)(|\Delta_i|-1)}{N(N-1)}$$

其中，N 是图中的顶点数。ζ_G 本质上是图中的实际自映射等价关系的数量与最大可能自映射等价关系数量的比率。

事实上，在度量真实网络对称性时，通常使用 ζ_G 的一个简化版本 γ_G，定义为

$$\gamma_G = \sum_{1 \leqslant i \leqslant k, |\Delta_i| > 1} |\Delta_i| / N \tag{2.6}$$

其中，Δ_i 是自映射分区的第 i 个轨道。γ_G 来自于对于网络对称程度的直觉观察：网络中非平凡的轨道越多，自映射等价关系越多，网络也就越对称。

更为简化的基于自映射等价关系的网络对称性度量是 r_G，定义为轨道数量与网络顶点数的比率，也就是

$$r_G = \frac{|\Delta|}{N}$$

显然 r_G 越小，网络越对称。r_G 在一些具体应用问题中有着具体含义。对于网络中的任意一个顶点，可以定义其结构独特性为

$$\nu(v) = \frac{1}{|\mathrm{Orb}(v)|}$$

其中，$\mathrm{Orb}(v)$ 为顶点 v 所属的轨道。这一定义的内涵是显然的。轨道中的所有节点都是自映射等价的，换言之，轨道中的每个顶点与其余顶点都是不可区分的，因此顶点的结构独特性反比于其所在的轨道的规模。在社会网络隐私保护等问题中，顶点的结构独特性实质上是该顶点被结构攻击识别出的概率，因而可以理解为该顶点隐私泄露的风险。那么网络平均的隐私泄露风险则为

$$\frac{\sum_{v \in V} \dfrac{1}{|\mathrm{Orb}(v)|}}{N} = r_G$$

也就是 r_G 度量了网络中顶点隐私泄露的平均风险，r_G 越大，风险也越大。

表 2.1 给出了所有上述指标的取值范围、与网络对称性之间的关系以及最大值对应的网络自映射群。值得注意的是，对于有着相同顶点数目的顶点可传递的网络，虽然其自映射等价关系数量一样，但其相应网络的自映射数量不一定相同。例如，C_n 和完全图 K_n 都是顶点可传递的，但是 C_n 的自映射群是 $D_n (|D_n| = 2n)$，而 K_n 的自映射群为 $S_n (|S_n| = n!)$。显然 C_n 对称性从自映射数量上来讲弱于 K_n。所以基于自映射等价关系数量的对称性度量的区分能力不如基于自映射数量的度量，但是对于大多数真实网络，基于自映射等价关系数量的对称性度量的精度已经足够。

表 2.1　网络对称性度量

	基于自映射数量		基于自映射等价关系数量		
	α_G	β_G	ζ_G	γ_G	r_G
区间	$[0, N!]$	$[0, 1]$	$[0, 1]$	$[0, 1]$	$[0, 1]$
与对称性之间的关系	正	正	正	正	负
取得最大值时自映射群	S_n	S_n	D_n	D_n	D_n

例 2.2　本例通过对 C_n 的对称性程度进行计算，说明上述指标的计算。显然 C_n 自映射群为 D_n，规模为 $2n$。因此 $\alpha_G = 2n, \beta_G = (2n / n!)^{1/n} = (2 / (n-1)!)^{1/n}$。其自映射分区为单元分区，因此 $\zeta_G = \gamma_G = 1$，$r_G = 1/n$。因此，C_n 具有较高的对称性。

2.4　本　章　小　结

本章系统回顾了图对称研究开展的数学基础，涉及图论基础、代数基础、代数图论、置换群论以及自映射群论等相关知识，并介绍了图对称的主要度量。图对称基本概念的清晰陈述是开展本书后续章节内容的基础。图数据管理与挖掘的一系列技术性发展是可以建立在牢固的数学理论基础之上的。本章的梳理对于开展一系列方法层面的研究也是具有积极的参考意义的。值得指出的是代数图论的应用还处在起步阶段，代数图论特别是自映射群论对于算法复杂性以及研发高效的图数据管理方法均能起到有效的理论支撑作用。

第3章 对称网络模型

许多真实网络已被证实具有较高的对称性。对称性作为一种普遍存在于真实网络中的结构属性，迄今为止还未得到充分关注。其中，一个非常有意义的问题是探索真实网络中对称性的起源。为此，本章将统计对于网络局部对称性有贡献的局部对称子团的相关数据。对这些统计量的分析表明，网络宏观的对称性起源于微观上网络节点的自组织机制——相似链接模式，也就是网络中性质相近(如度数)的顶点，倾向于拥有共同的邻居。本章改进 BA(Barabási-Albert)模型，以整合相似链接模式。改进的网络生成模型成功地再生了存在于真实网络中的对称性，这意味着相似链接模式是决定真实网络中对称性涌现的根本机制。

3.1 概　　述

网络科学的一项重要的研究任务是分析网络的宏观特性并解释其相应的微观机制。目前网络的无标度[26]、小世界[16, 24, 25]、自相似[32]等特性已经得到了很好的解释。但是真实网络的一个普遍特性——网络对称性的形成机制尚未得到合理解释。虽然文献[33]中的工作已经证实文献[67]中的网络生成模型能够产生对称。但这种对称是由于生成的网络结构接近树而导致的，这种对称称为树状对称(tree-like symmetry)。而很多平均度数较大的网络，或者结构远远偏离树状结构的网络也被证实是具有丰富的对称性的[33, 68]。因此，大多数真实网络的对称性的产生机制还未能得到很好的解释,尚需要更好的网络模型以产生一般意义上的对称网络，而非树状对称网络。

为了探索对称产生的机制，我们统计了对于网络对称性产生贡献的局部对称子团的相关统计指标。通过这些指标的分析，找到了网络对称性产生的微观机制，称为相似链接模式(similar linkage pattern)。所谓相似链接模式是指网络中性质相同或相似的顶点，如度相同的顶点，倾向于拥有相似的邻居。我们发现这一机制具有一定的普遍性，支配着各种网络结构的形成过程。例如，在一个朋友关系网络中，人们普遍认为具有相似性质的个体，如有着相似教育背景、相似的兴趣爱好、年龄等，这些个体也很可能拥有相同的朋友。基于相似链接模式，我们改进了 BA 模型，并通过实证分析证实了该模型能够产生真实网络中的对称，这说明相似链接模式正是支配对称性产生的微观机制。

3.2　相似链接模式

本节将首先研究广泛存在于真实网络中的相似链接模式现象。在研究这个问题之前，先简单介绍一下本章所使用的真实网络数据集。

3.2.1　真实网络数据集介绍

本章所使用的真实网络如下。

(1) 美国西部电网数据(USPowerGrid)[16]。网络中每个顶点表示发电机、变压器和变电所(substation)，每条边表示它们之间的高压线路。

(2) 高能物理领域的文献引用网络(arXiv)[69]。网络中每个顶点表示一篇文章，从文章 A 到文章 B 的有向边表示 A 引用 B。

(3) 自治系统级别的 Internet 网络(InternetAS)[70]。每个点表示自治系统，每个顶点与其邻居之间有着消费服务关系、服务提供关系、对等关系以及兄弟关系等。

(4) 第四个数据是 BioGrid[71]，表达了蛋白质/基因交互关系网络，其中每个点代表一个基因或蛋白质。本书中共使用了五个物种的交互网络，分别是 Saccharomyces cerevisiae，记作 SAC；Caenorhabditis elegans，记作 CAE；Drosophila melanogaster，记作 DRO；Homo sapiens，记作 HOM；Mus musculus，记作 MUS。

3.2.2　对称二分子团

1. 定义

本节将深入研究对于网络对称性有着显著贡献的网络子结构。使用形式化语言，这些子结构可以用对称二分子团(symmetric biclique)来刻画，首先给出必要的定义。

定义 3.1(完全二分图)　设 V_1 和 V_2 为两个彼此不相交的顶点集，如果在同一个子集中的顶点不邻接而任意两个来自不同子集的顶点都互相邻接，那么就称 K_{V_1,V_2} 为一个完全二分图(complete bipartite graph)。

定义 3.2(对称二分子团)　如果一个完全二分图 K_{V_1,V_2} 是图 $G(V,E)$ 的子图，并且对于任意 $v \in V_1$，$N_K(v) = N_G(v) = V_2$，那么称 K_{V_1,V_2} 为对称二分子团。其中 $N_K(v)$ 和 $N_G(v)$ 分别是顶点 v 在图 K 和图 G 中的邻居集合。

本节的对称二分子团定义是从网络结构角度给出的，比较形象直观，便于计算。事实上，文献[34]从代数图论角度也给出了相应的定义，具体而言，一个对称二分子团是指在自映射群 Aut(G) 的作用下不变的完全二分子图。这里的定义比较简洁，但是缺乏对称二分子团结构特征的刻画，因而难以计算。

从本书给出的定义可以看出对称二分子团的一个显著特征：无论在子图 K 中还是在父图 G 中，对于任意 $v \in V_1$，v 与 V_2 中的所有顶点都邻接并且仅与 V_2 中的顶点相邻接。换言之，对称二分子团 V_1 中的顶点都有着相同的邻居。这样的特征使得 V_1 中的顶点彼此之间是互相结构等价的，从而会为整个网络贡献规模为 $n!(n = |V_1|)$ 的自映射子群。显然这样的自映射子群易于构造，任意构造一个 $V(G)$ 到其自身的一一映射，只要这个映射保持 V_1 以外的点不变，则属于该子群。那么根据 Lagrange 定理，上述对称子团对于整个网络自映射群规模贡献 $n!$ 的乘数因子。这样一来，对称二分子团则成为能够对网络对称性产生显著贡献的局部对称子团[34]。

在不关心 V_1 和 V_2 的具体元素时，经常使用 $K_{i,j}(|V_1| = i$ 和 $|V_2| = j)$ 表达 K_{V_1,V_2}。通常用 $\kappa_{i,j}$ 表示包含网络所有的 $K_{i,j}$ 的集合。需要注意的是 $K_{1,i}$ 不一定对网络对称性产生贡献，因此在本章后面的讨论中，关注的是 $K_{n,i}(n \geqslant 2)$，在统计相关指标时，$K_{1,i}$ 也通常排除在外。

例 3.1(对称二分子团)　图 3.1 展示了两个对称二分子团。图 3.1(a)显示了形式为 $K_{n,1}$ 的对称二分子团，它为整个网络的自映射规模贡献了大小为 $n!$ 的乘数因子。图 3.1(b)显示了形式为 $K_{3,2}$ 的对称二分子团，它为整个网络的自映射规模贡献了大小为 $3!$ 的乘数因子。

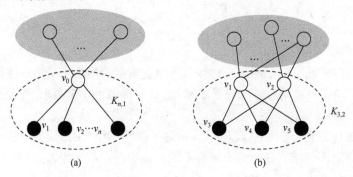

(a)　　　　　　　　　　　(b)

图 3.1　对称二分子团

2. 计算

定义 3.3　对于网络中的某个对称二分子团 K_{V_1,V_2}，如果不存在某个对称二分子团 $K_{V_1',V_2'}$ 满足 $V_2 = V_2'$ 并且 $V_1 \subset V_1'$，称 K_{V_1,V_2} 为这个网络的一个最大对称二分子团。

例 3.2　从如图 3.1(b)所示的网络中，可以找到三个对称二分子团 $K_{\{v_3,v_4\},\{v_1,v_2\}}$、

$K_{\{v_5\},\{v_1,v_2\}}$ 和 $K_{\{v_3,v_4,v_5\},\{v_1,v_2\}}$。容易验证 $K_{\{v_3,v_4,v_5\},\{v_1,v_2\}}$ 是另外两个对称二分子团的并，因而是最大的。

在图论的基本概念中，两个图是相同的当且仅当它们有着相同的顶点集和边集，否则这两个图就被视作不同的。在本章对称二分子团的计算中，仅考虑不同的最大的对称二分子团的数量。这就是说，如果在网络中找到两个对称二分子团 K_{V_1,V_2} 和 $K_{V_1',V_2'}$ 且 $V_2 = V_2'$，两个对称子团会被合并为一个新的更大的对称二分子团 $K_{V_1 \cup V_1',V_2}$，在对称子团的计数时，只记这个最大的对称子团为一次出现。

基于上述概念，不难计算网络中的所有对称二分子团。我们以 $N[V]$ 表示由顶点集 V 及其所有邻接的边(不包含 V 之间的边)构成的子图。例如，如图 3.1(b)所示，如果 $V = \{v_3, v_4, v_5\}$，$N[V]$ 就是在图中用虚线标识出来的 $K_{3,2}$ 子图。需要注意的是，即使 v_1 和 v_2 是邻接的，边 (v_1, v_2) 也不属于 $N[V]$。基于这些基本概念，查找网络中所有二分子团的算法如下。

对于每一个 $i \geqslant 1$，构造度为 i 的顶点集 $V(i)$。对于每一个 $V(i)$，根据每个顶点的邻居是否相同，将 $V(i)$ 划分为一个等价类 $\{V(i)_1, V(i)_2, \cdots, V(i)_k\}$，也就是说把具有相同邻居的顶点划分在同一个等价类中。那么每个等价类对应的 $N[V(i)_j]$ 就是一个形式为 $K_{n,i}(n = |V(i)_j|)$ 的对称二分子团。需要注意的是，正如前面所述，$|V(i)_j| = 1$ 相应的 $N[V(i)_j]$ 在本章后面的表 3.1 中将被忽略。

3.2.3　精确相似链接模式

从上述定义可以看出，在一个对称二分子团 K_{V_1,V_2} 中，V_1 中的点具有相同的度数，并且共享相同的邻居，这恰好就是本章所提出的相似链接模式的含义。因此，如果网络包含显著数量的对称二分子团，可以认定在该网络中，相似链接模式作为一种现象是不可忽视的，在网络生成过程中扮演着重要的角色。因此，有必要统计真实网络的对称二分子团的相关指标，并据此探索真实网络的相似链接模式这一机制的重要作用。

在表 3.1 中，统计了当 $n \geqslant 2$ 时，$\kappa_{n,i}$ 不同的最大的对称二分子团的数量，并记录了其中最大的和最小的对称二分子团的规模。具体的统计指标还包括网络的顶点数和边数，分别记作 N 和 M。对于每个 $i \leqslant 7$，统计 $\kappa_{n,i}(n \geqslant 2)$ 中对称二分子团的数量。这里使用三元组 $(S, \text{Min}, \text{Max})$ 表达 $\kappa_{n,i}$ 的统计指标，其中 S 是对称二分子团 $K_{n,i}$ 的数量，Min、Max 分别是对称二分子团规模的最小值和最大值(对称二分子团 K_{V_1,V_2} 的规模定义为 $|V_1|$)。如果 $K_{n,i}$ 在网络中不存在，那么 $S = 0$；且 Min 和 Max 不可获取，均记作 "-"。对于一些比较大的 i，也给出了 $\kappa_{n,i}$ 的相应统计数据。

表 3.1　真实网络对称二分子团的统计数据

网络		$\kappa_{n,i}$ $(n{\geqslant}2)$							取值
		1	2	3	4	5	6	7	
arXiv[69]①		(135, 2, 7)	(42, 2, 4)	(17, 2, 3)	(13, 2, 2)	(11, 2, 2)	(1, 2, 2)	(2, 2, 2)	i=16, (1, 2, 2)
InternetAS②		(916, 2, 343)	(1057, 2, 285)	(90, 2, 25)	(9, 2, 4)	(2, 2, 2)	(0, -, -)	(0, -, -)	(0, -, -)
BioGrid[71]	SAC	(51, 2, 15)	(7, 2, 5)	(0, -, -)	(0, -, -)	(0, -, -)	(0, -, -)	(0, -, -)	(0, -, -)
	MUS	(7, 2, 44)	(8, 2, 12)	(4, 2, 6)	(2, 2, 2)	(0, -, -)	(1, 2, 2)	(0, -, -)	(0, -, -)
	HOM	(366, 2, 44)	(53, 2, 12)	(21, 2, 6)	(5, 2, 2)	(2, 2, 2)	(1, 2, 2)	(0, -, -)	i=8, 10, 21, (1, 2, 2)
	DRO	(418, 2, 40)	(16, 2, 11)	(6, 2, 3)	(6, 2, 3)	(3, 2, 2)	(0, -, -)	(3, 2, 3)	i=8, 10, 21, (2, 2, 2), i=15, 27, (1, 3, 3) i = 17, 18, 19, 23, 25(1, 2, 2), i=39, (1, 6, 6)
	CAE	(245, 2, 47)	(9, 2, 5)	(1, 2, 2)	(0, -, -)	(0, -, -)	(0, -, -)	(0, -, -)	(0, -, -)
USPowerGrid[16]		(137, 2, 9)	(25, 2, 3)	(0, -, -)	(1, 2, 2)	(0, -, -)	(0, -, -)	(0, -, -)	(0, -, -)

① 使用的是高能物理领域截至 2006-03 的文献引用网络[69]；

② 使用的是 2006-07-10 CAIDA[70]数据。

　　从表3.1可以看出相似链接模式是一个存在于各类真实网络,包括生物网络、社会网络以及技术网络中的普遍现象。例如, 对于 InternetAS 数据中的 $\kappa_{n,1}$, 一共有 916 个对称二分子团,其中不乏一些较大的子团,最大一个 V_1 中有 343 个顶点。对于表 3.1 中所有的网络, 结构简单的对称二分子团, 如 $K_{n,1}$ 和 $K_{n,2}$ 都是频繁出现的。对于一些网络, 如 BioGrid DRO, 一些复杂的对称二分子团, 也就是那些有着较大 i 值的 $K_{n,i}$, 也是频繁出现的。

　　下面进一步考察 i=1,2 的对称二分子团的规模分布。图 3.2 给出了相关结果。其中每张图的水平轴表示对称二分子团的规模,垂直轴表示相应规模的对称二分子团在网络中的出现频率。图 3.2(a)和图 3.2(b)分别表示的是 InternetAS 网络, $\kappa_{n,1}$ 和 $\kappa_{n,2}$ 中二分子团规模分布。图 3.2(c)和图 3.2(d)分别表示的是 DRO[71]网络和 HOM[71]网络中 $\kappa_{n,1}$ 中二分子团的规模分布。

　　如图 3.2 所示, 这些对称子团的规模, 在双对数分布图中呈现明显的右倾特征, 并且有着明显的长尾。长尾的存在告诉我们, 在 i=1,2 时的对称二分子团中, 是存在不可忽视的较大规模的子团的。综上所述, 可以得到这样的事实: 真实网络中存在着一定数量的规模较大的对称二分子团。规模较大的对称二分子团的存在进一步说明相似链接模式作为一个一般现象不仅是普遍的，也是重要的、非平凡的。

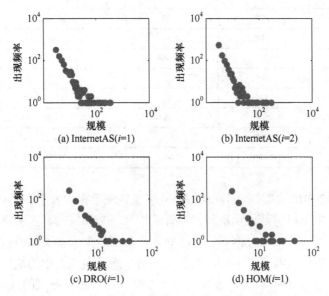

图 3.2　真实网络中的对称二分子团的规模分布

　　下面进一步验证相似链接模式在真实网络中的存在在统计意义上是否是显著的。为此，按照检测拓扑模式在统计学意义上显著性的一般性方法[72]，还需要进一步比较真实网络与相应的随机网络，在相似链接模式方面的相关统计指标的差异。这里的做法是，对于每个真实网络，为之生成了一组保持原网络关键性质的 ER(Erdös-Rényi)随机网络(这里保持了真实网络的顶点数和边数①)，并将真实网络中的相似链接模式的出现次数与随机网络中出现次数的均值相比较。

　　具体而言，对于表 3.1 中计算的每个真实网络，使用 PAJEK[73]生成相应的 100 个与其有着相同规模的 ER 随机网络。在 ER 网络生成过程中，需要指定顶点数 N、平均度数 z，以保证生成的随机网络与真实网络有着相同的规模，也就是相同的顶点数和边数。与表 3.1 中的统计数据相似，对于每个 i，统计了形如 $K_{n,i}$ 的对称二分子团在 100 个随机网络中的出现次数。我们统计了 $K_{n,i}$(当 $i \geqslant 2$ 时)出现次数的均值和标准方差，分别记作 N_{rand} 和 SD。对于每个 i，还统计了 100 个随机网络中 $K_{n,i}$ 的最大规模和最小规模。结果显示在表 3.2 中。

---

　　① 虽然在一个有意义的随机化过程中应尽可能保持每个顶点的度数[74]，然而在本章对称二分子团的研究中，我们发现保持每个顶点度的约束过于严格。具体而言，对称二分子团的出现频率十分依赖于顶点度，这使得在保持顶点度的随机化网络中，对称二分子团的出现情况相较于真实网络没有显著的变化。因此，这里的随机化方法必须放松保持顶点度的约束。

表 3.2　ER 随机网络的对称二分子团统计数据

网络		N	z	$K_{n,1}$ $(n \geqslant 2)$ 的 $N_{\text{rand}} \pm SD$
arXiv		27770	25.37	$(0 \pm 0, \text{-}, \text{-})$
InternetAS		22442	4.06	$(53,66 \pm 7.87, 2, 4)$
BioGrid	SAC	5437	26.86	$(0 \pm 0, \text{-}, \text{-})$
	MUS	218	3.65	$(0,88 \pm 0.94, 2, 3)$
	HOM	7522	5.32	$(2,45 \pm 1.49, 2, 2)$
	DRO	7528	6.69	$(0,25 \pm 0.54, 2, 2)$
	CAE	2780	3.13	$(24,27 \pm 5.33, 2, 4)$
USPowerGrid		4941	1.49	$(222,86 \pm 14.70, 2, 5)$

依据表 3.2 中的数据，我们发现相似链接模式现象很少发生在 ER[75]随机网络中。从表 3.2 中可以清楚地观察到，尽管随机网络与相应的真实网络有着相同的规模，但其中形如 $K_{n,1}$ 的对称二分子团的数量却明显少于真实网络；随机网络中的子团的复杂程度也明显小于相应的真实网络。除了表 3.2 中的统计数据，我们还统计了 $\kappa_{n,i}$(当 $i \geqslant 2$ 时)的统计数据。当 $i=2$ 时，对于所有测试的八个真实网络，在相应的随机网络中，$K_{n,i}$ 的出现频率(定义为包含形如 $K_{n,i}$ 子图的随机网络的数量与随机化网络样本数量(本章实验采用的是 100 个样本)之间的比率)小于 6%；并且当 $i \geqslant 3$ 时，$K_{n,i}$ 的出现频率是 0。因此，可以得出结论：在随机网络中，大的或复杂的对称二分子团有着较低的出现概率。

复杂结构的 $K_{n,i}$ 在真实网络中频繁出现与其在相应的随机网络中以较低概率出现，意味着对称二分子团在真实网络中的出现是统计意义上显著的(这也正是我们经常称它为对称子团(symmetric motif)，而不是对称子图的原因)。这一事实也启发我们必定存在某个潜在法则支配着真实网络结构的形成。而这一法则，正是本章所提出的相似链接模式。

考虑网络的增长过程，更容易理解上述结论。假定在某个时刻，某个新加入网络的顶点 v 加入了某个对称二分子团 K_{V_1, V_2}，并形成新的对称二分子团 $K_{V_1 \cup V_2}$，那么显然 v 需要与 V_2 中的所有顶点相邻接。真实网络中对称二分子团大量、显著地存在，说明上述动态增长过程在网络中是经常发生的。那么有理由相信，新加入网络的顶点 v 与网络中现有顶点的连接是遵循这样的潜在规则的：v 倾向性地链接到 V_1 中的顶点所链接的对象。既然 V_1 中的顶点有着相同的度，那么我们一直在寻找的决定网络中对称二分子团频繁出现的网络增长法则就是有着相同度数的顶点分享相同的邻居。

3.2.4　非精确相似链接模式

事实上，如图 3.3 所示，在真实网络中，更容易发现的是度相同的点仅仅共享部分而非全部邻居的二分子团。这些邻居不完全相同的子团，体现了一种非精确相似链接模式，也就是度相同的点分享相似的邻居。而这些二分子团也可能对网络对称性产生贡献，如例 3.3 所示。显然这种子团是对称二分子团的概化，在这些子团中不再要求 V_1 中的任意两个顶点都有着完全相同的邻居，而仅仅要求 V_1 中的所有顶点有着相同的度数。因此，我们称这种二分子团为一般对称二分子团 (generalized symmetric biclique)，其严格定义如下。

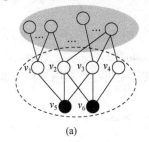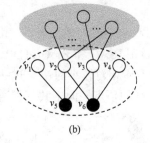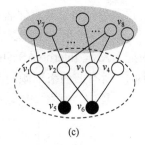

图 3.3　非精确相似链接模式

定义 3.4(一般对称二分子团)　图 G 的一个一般对称二分子团，是一个满足下述条件的二分子图 K_{V_1,V_2}：对于任一 $v \in V_1$，$\deg(v) = d$，这里 $\deg(v)$ 是顶点 v 在图 G 中的度数，d 是一个常量。

因此，在一般对称二分子团中，常量 d 成为刻画其结构特征的重要标志，据此可将一般对称二分子团记作 K_{V_1,V_2}^d。在一些 V_2 无关紧要的场合下，又常使用 $K_{V_1}^d$ 或 $K_{|V_1|}^d$。

这里需要区分一般对称二分子团和 DOR(dense overlapping regulon)[76]。后者虽然也是二分图的形式，但并不一定满足一般对称二分子团的定义，也就是说不一定存在一个顶点集 V_1，V_1 中的每个顶点度数都是一个恒定的特征值。

例 3.3　如图 3.3 所示，所有 V_1 中的顶点(标记为黑色)都有着相同的度数，但是它们的邻居并不完全相同。三张图中包含 V_1 及其邻接边的子团对于各自的网络对称性有着不同的贡献。在图 3.3(a)中，虚线标识的子图不会对整个网络的对称性有任何贡献；图 3.3(b)虚线标识的子图会贡献自映射 $p = (v_1, v_4)(v_5, v_6)$；图 3.3(c)中虚线标识的子图会对整个网络的对称性贡献自映射 $p = (v_1, v_4)(v_5, v_6)(v_7, v_8)$。

在一个网络中，如果非精确相似链接模式起着不可忽略的作用，那么度相同的点倾向于共享部分邻居。因此，有必要进一步度量网络中度相同的点邻居共享的程度。令网络中度为 m 的顶点的集合为 $V(m) = \{v \mid v \in V, \deg(v) = m\}$，这些点的

邻居的集合为 $V'(m) = \{v' \mid (v, v') \in E, v \in V(m)\}$。那么可以定义 θ_m 为 $V(m)$ 中邻居的实际数量与最大可能的邻居数量的比值，其形式化定义如下：

$$\theta_m = \frac{|V'(m)|}{m|V(m)|} \tag{3.1}$$

当 $V(m)$ 中的任意点对都不共享任何邻居时，$V(m)$ 的邻居数量取得最大值为 $m|V(m)|$。显然 θ_m 可用于合理地度量网络中度为 m 的顶点的邻居的重叠程度。从 θ_m 的定义可得 $0 < \theta_m \leqslant 1$；给定 $|V(m)|$ 时，$\frac{1}{|V(m)|} \leqslant \theta_m \leqslant 1$。注意到 θ_m 越小，V_1 中的顶点越倾向于共享邻居。

图 3.4 给出了不同真实网络的 m-θ_m 的散点图。其中，图 3.4(a)～图 3.4(d) 分别对应 arXiv、InternetAS、BioGrid SAC 和 BioGrid DRO。如图 3.4 所示，当 m 比较小时，所有的网络都倾向于有着相对较小的 θ_m。这一观察说明在真实网络的结构形成过程中，有着相同较小度的顶点倾向于共享邻居。

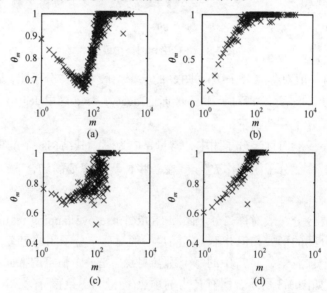

图 3.4　真实网络的 m-θ_m 的散点图

这里需要区分几个与 θ_m 相近的概念。θ_m 是对于整个网络的全局度量，可以理解为度 m 的函数，表达了网络中度为 m 的顶点在网络共享邻居的程度。事实上，θ_m 也可以直接用作整个网络的邻居重叠的程度。需要指出的是，已经有不少的网络中邻居共享程度的度量，但这些度量大都是局部度量，如所谓的结构相似性 (structural similarity)[77, 78]、拓扑重叠 (topological overlap)[13]。结构相似性度量，如

Jaccard 系数[79]和 cosine 相似性度量[80]，主要依据网络的结构信息度量顶点的相似性；而拓扑重叠用于度量顶点多大程度上属于同一模块。尽管这些度量有着一定的差异，这些相关度量包括 θ_m 都基于相同的原则：共同邻居的数量是两个顶点相似性的重要指标。

3.3   对称网络生成模型

现有研究已经证实很多真实网络的度分布服从幂律分布[24, 81, 82]。幂律度分布的形成可以归结为两个基本的网络生成机制：①持续增长；②择优链接[26]。这两个机制是经典的 BA 模型所阐述的基本思想。在 BA 模型所描绘的网络增长过程中，新的顶点会被持续地添加到现有网络中，并且在每个时间节拍，一个新的顶点有选择性地链接到 m 个现有的度较高的顶点。我们将 m，也就是顶点 v 在加入网络的时刻所链接的顶点数量定义为顶点的初始度(initial degree)①。在 BA 以及基于此的改进模型中，m 是否是常量对于最终的度分布没有影响(也就是随机选择 m 不会改变幂律分布的指数[26])，因而在这些模型中初始度常常被视作常量。然而，在研究对称网络模型时，m 是否是常量对于对称性的产生与否有着重要的影响，需要谨慎对待。在后面的研究中我们会论述，为了模拟真实网络对称性的产生，初始度不可以视作常量。

虽然已有大量的网络生成模型，但是对称性产生的机制还未得到阐述。为此，我们提出一个把相似链接模式融入 BA 模型的两个基本机制中的新的网络生成模型，对 BA 模型的两个基本机制进行了如下改进。

(1) 新顶点加入网络的方式不仅遵循择优链接，还遵循相似链接模式。相似链接模式要求，如果新加入的点初始度为 m，则该点倾向于与网络中现有的度为 m 的点的邻居相链接。

(2) 顶点的初始度 m 为服从特定分布的变量而不是某个常量。在我们的模型中，初始度 m 不再是常量，而是服从特定分布的随机变量。

3.3.1   基于相似链接模式的择优链接

初始度为 m 的新顶点与顶点 v_i 相链接的概率记作 $\Pi(v_i)$。这个概率不仅依赖于顶点 v_i 的度 k_i，也取决于 v_i 是否属于 $V_i'(m)$(t 时刻网络中度为 m 的顶点集合记作 $V_t(m)$，$V_t(m)$ 的邻居集合记作 $V_t'(m)$)。为了将相似链接模式集成到基本的 BA 模型中，需要提高新顶点与 $V_i'(m)$ 中的顶点 v_i 相链接的概率。此外，为了控制相似

---

① 此处定义的初始度也可以看作顶点的一种适合度(fitness)或者隐含变量(hidden variable)[83,84]。

链接模式这一机制在整个网络生成过程中的相对作用，需要定义参数 α。注意到对于某个给定的度 m，$V'_t(m)$ 并不一定为非空，因此链接概率 $\Pi(v_i)$ 的定义需要考虑两种情况：当 $V'_t(m)=\varnothing$ 时，$\Pi(v_i)$ 定义为

$$\Pi(v_i)=\frac{k_i}{\sum_j k_j} \tag{3.2}$$

其中，k_i 是顶点 v_i 的度数；当 $V'_t(m)\neq\varnothing$ 时，$\Pi(v_i)$ 定义为

$$\Pi(v_i)=\begin{cases} \alpha\dfrac{k_i}{\sum_j k_j}+(1-\alpha)\dfrac{1}{|V'_t(m)|}, & v_i\in V'_t(m) \\[3mm] \alpha\dfrac{k_i}{\sum_j k_j}, & v_i\notin V'_t(m) \end{cases} \tag{3.3}$$

其中，$\alpha\in(0,1]$。

在某个时刻 t，有可能 $V'_t(m)=\varnothing$。在这种情况下，顶点的链接行为退化为单纯的基于度的择优链接。在本章所提的模型中，这种情形比较频繁地发生于网络增长的初始阶段。因为，在网络增长的初始阶段，种子网络的规模相对较小，导致顶点度的丰富性有限，从而使得网络有可能不存在度为 m 的顶点。例如，如果种子网络设定为若干个孤立顶点，那么仅有度为 0 的点。如果种子网络为规则网络，如完全图，也只能从中发现一种顶点度。

式(3.3)仅使用参数 α 来控制择优链接或相似链接模式在网络增长过程中的相对重要性。很显然，α 越大，相似链接模式对于网络结构的支配作用越小。当 $\alpha=1$ 时，本书的网络模型的生成规则退化为单纯的基于顶点度的择优链接。不难验证，在任意时刻，概率值和为 1，即 $\sum_i \Pi(v_i)=1$。

3.3.2　服从特定分布的初始度

在 BA 模型及其改进模型中，所有顶点除了种子网络中的顶点都有着相同的初始度。但事实上，可以验证很多真实网络，特别是社会网络和技术网络，其初始度是在某个范围内变化的(或者某个独立于度的值)。某些网络的历史数据，特别是顶点的初始度信息，是可以获取的，这使得我们可以验证真实网络的初始度的实际分布情况。例如，对于从 arXiv 数据集构造出来的文献引用网络，每篇文章的初始度就是这个文章引用的文献数。如图 3.5 所示，arXiv 网络的初始度分布(双 log)符合一个右倾的分布，而非某个固定值。

如果网络的增长过程遵循基于相似链接模式的择优链接，并且初始度是常量，那么固定数量的边数(m)将被引入网络中。这样一来，局部对称子团的结构将集中在那些形式如 $K^m_{V_1}$ 的子图。从表 3.1 可以观察到，m 越大，形如 $K^m_{V_1}$ 的子结

构在真实网络中越不可能出现。那么如果 m 远大于 1，将会得到与之相悖的结论。因此，有必要将初始度从一个固定值扩展到服从特定分布的变量。从这一角度来看，BA 模型可以视作本书的模型在初始度为常量时的特例。

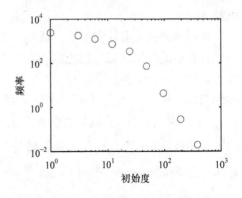

图 3.5　arXiv 数据集的初始度分布

3.3.3　基于相似链接模式的网络模型

集成了相似链接模式的网络增长算法如下。

(1) 增长：以 n_0 (与网络规模相较而言比较小的整数)个孤立顶点为种子网络，每个时间节拍增加一个新的顶点，并将其链接到 n 个已经存在于网络中的不同的顶点，这里 m 服从分布 $F(m)$ 且 $m \leqslant \overline{m}$ ($\overline{m}$ 是初始度的上界，称为最大初始度)。

(2) 基于相似链接模式的择优链接：顶点 v_i 与新顶点相链接的概率 $\prod$ 定义为式(3.2)和式(3.3)。

上述基于相似链接模式的改进模型只需要三个参数：$(n_0, F(m), \alpha)$。为了便于描述，将这一新模型记作 $SLP(n_0, F(m), \alpha)$，这里 SLP 是 similar linkage pattern 的缩写。SLP 模型也可以由四个参数确定，记作 $SLP(n_0, \overline{m}, \gamma, \alpha)$，其中 $\overline{m}$ 和 γ 为描述 $F(m)$ 的参数。事实上，只要知道 $F(m)$ 的分布类型以及相应的参数 $\overline{m}$ 和 γ，就可以确定 $F(m)$ 的具体参数。例如，如果 $F(m)$ 服从幂律分布，即 $F(m)=am^{-\gamma}$ 并且给定 $\overline{m}$ 和 γ，$F(m)$ 中的参数 a 可以由下述公式计算得到：

$$a = \frac{1}{\sum_{1 \leqslant i \leqslant \overline{m}} i^{-\gamma}} \tag{3.4}$$

类似地，如果 $F(m)$ 服从指数分布，即 $F(m)=a\gamma^{-m}$，那么参数 a 可以由下面的公式计算得到：

$$a = \frac{1}{\sum_{1 \leqslant i \leqslant \overline{m}} \gamma^{-i}} \tag{3.5}$$

3.4　实　证　分　析

3.4.1　相似链接模式与网络对称性

本节将首先通过两个实验分别探索相似链接模式与网络对称性之间的关系，

以及 SLP 模型中网络对称性与网络规模之间的关系。

在图 3.6(a)所示的实验中，调整 α，从而逐渐增强相似链接模式在网络结构形成过程中的作用，以考察相似链接模式与网络对称性之间的关系。具体而言，以 0.1 为步长，控制参数 α 从 0.1 增长到 1，考察不同 α 参数下的 SLP 网络的对称性指标。图 3.6(a)及其子图（Ⅰ）和（Ⅱ）的横坐标都是 α，纵轴分别表示 $\lg \alpha_G$、β_G 和 γ_G。本实验使用的其他参数设置为 $n_0 = 10$，$\bar{m} = 10$，$t = 10000$。我们分别测试了两种初始度分布：方框所代表的指数分布 $F(m) = a\gamma^{-m}$（$\gamma = 3$），以及圆圈所代表的幂律分布 $F(m) = am^\gamma$（$\gamma = -1$）。

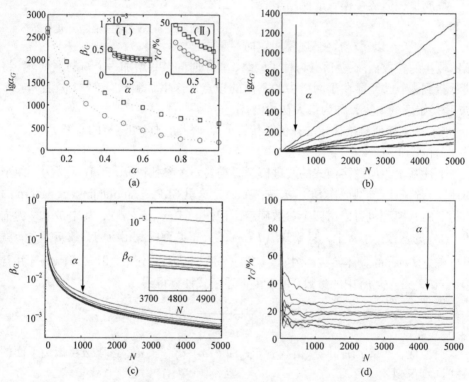

图 3.6　参数 α 以及网络规模对 SLP 网络对称性的影响

从图 3.6(a)可以明显地观察到，随着相似链接模式作用的增强，网络的自映射群规模以上百的数量级在增长。图 3.6(a)中子图（Ⅰ）和（Ⅱ）分别展示了另外两个网络对称性指标 β_G 和 γ_G(%)随着 α 的降低而增长的情况。相似的事实也可以从图 3.6(b)、图 3.6(c)以及图 3.6(d)中观察到。因此，有理由相信相似链接模式正是真实网络中对称性形成的微观机制。

进一步，利用图 3.6(b)、图 3.6(c)和图 3.6(d)所示的实验考察 SLP 模型的网络对称性与网络规模之间的关系。具体而言，针对 SLP 网络，我们分别考察了对称性指标 $\lg\alpha_G$、β_G 和 γ_G(%)与网络规模之间的关系。在这一实验中，生成 SLP 网络时，均使用了服从幂律分布的初始度分布，相关参数设置为 $\bar{m}=10$，$\gamma=-1$。初始网络顶点数 n_0 均设置为 10。我们仍然以 0.1 为步长控制参数 α 从 0.1 增长到 1(图中的箭头指示了 α 增长的方向)。我们将 t 从 0 增长到 5000，并且每隔 50 个时间单位捕捉一个网络结构快照，因此共可以得到 100 个规模线性增大的网络结构样本。

　　从图 3.6 可以明显看出，SLP 网络规模增长时，不同的对称性指标以不同的方式变化。如图 3.6(b)所示，自映射数量规模随着网络规模的线性增长呈现出指数增长的趋势；而 β_G 却随着网络规模的增长呈现幂律方式的衰减，如图 3.6(c)所示；而对于 γ_G，当网络规模 $N\to\infty$ 时，γ_G 趋向于稳态，如图 3.6(d)所示。此外，当 α 从 0.1 增长到 1 时，三个对称性指标都呈现降低的趋势。图 3.6(c)的嵌入子图是图 3.6(c)局部的放大，从其中可以较为清晰地看到 β_G 随着 α 的增长而减小。

　　进一步，将研究参数 $\bar{m}$ 对于 SLP 网络对称性的影响。为此，设计了如下实验。有关参数为 n_0=10，t=5000。我们使用一个指数 $\gamma=-2$ 幂律分布作为初始度分布。调节参数 $\bar{m}$ 使之以步长 10 为单位从 10 增长到 200。在这些参数下，生成相应的 SLP 网络，考察其对称性与 $\bar{m}$ 之间的关系。图 3.7 及其子图展示了 $\bar{m}$ 对于 SLP 网络对称性的影响。总体而言，当 $\bar{m}$ 在区间[10, 200]内变化时，三个对称指标 $\lg\alpha_G$、β_G 和 γ_G(%)均在一定范围内波动。可见，$\bar{m}$ 对于 SLP 网络对称性的影响有限。

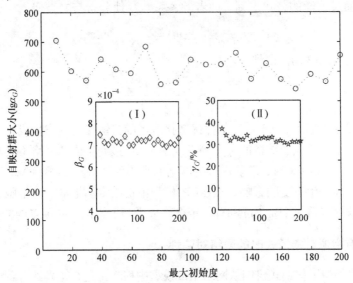

图 3.7　$\bar{m}$ 对于 SLP 网络对称性的影响

　　然而，$\bar{m}$ 对于网络平均度数 $\langle k \rangle$ 却有着明显的影响。图 3.8 展示了随着 $\bar{m}$ 的增长，网络平均度数的变化趋势。虚线代表的是 SLP 网络平均度数的变化曲线；实线代表的是在给定的初始度分布下平均度数的理论值随着 $\bar{m}$ 的增长而变化的曲线图。

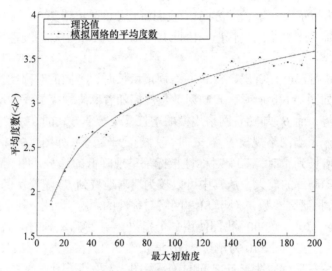

图 3.8　　$\bar{m}$ 对于 SLP 网络平均度数的影响

　　理论上，可以定量刻画 $\bar{m}$ 与 $\langle k \rangle$ 之间的关系。对于初始度分布为幂律分布的情况，可以通过下面的公式来刻画两者的关系。其他分布与之类似：

$$\langle k \rangle = \sum_{1 \leqslant m \leqslant \bar{m}} m P(m) = \sum_{1 \leqslant m \leqslant \bar{m}} m a m^{-\gamma} \tag{3.6}$$

把式(3.4)代入式(3.6)，得到：

$$\langle k \rangle = \frac{\sum_{1 \leqslant m \leqslant \bar{m}} m^{1-\gamma}}{\sum_{1 \leqslant m \leqslant \bar{m}} m^{-\gamma}} \tag{3.7}$$

　　如文献[33]所示，对于单纯的择优链接或者随机链接的网络生成模型，如果每次新加入网络的顶点所链接的边数等于或小于 2，最终生成的网络不会具有网络对称性。注意到当 $t \to \infty$ 时，常量 m 接近网络的平均度数 $\langle k \rangle$。这样一来，平均度数会对网络对称性产生重要的影响。在 SLP 模型中初始度不是常量而是服从特定分布的变量，这意味着每个 $m \leqslant \bar{m}$ 都有特定概率成为新加入网络的顶点的初始度数。

3.4.2　没有相似链接模式时的网络对称性

　　如果将相似链接模式机制从网络生成模型中移除，是否能得到有着丰富对称性的网络呢？本节将讨论这一问题，并论述没有相似链接模式，单纯基于择优链接以及初始度为满足特定分布的变量这两个机制的网络模型不一定能够产生对称网络。

为此，本节设计了如下实验。首先将 SLP 网络模型参数中的 a 设置为 1 以消除相似链接模式对于网络结构的影响。然后调整平均度数 $\langle k \rangle$ [1]以及初始度的幂律分布的指数，观察网络对称性指标的增长趋势。其他参数设置为 n_0=10，t=5000 以及 γ=0,−0.5,−1,−1.5,−2。对于每个 γ，我们通过调节 $\bar{m}$，改变平均度数 $\langle k \rangle$，使之以 0.5 为步长，从 1 增长到 5[2]。

图 3.9 显示了本实验的结果。其中，图 3.9(a)、图 3.9(b)和图 3.9(c)分别表示随着网络平均度数的增长，网络对称性指标 $\lg \alpha_G$、β_G 和 γ_G (%)的变化趋势。显然，对于较为平缓的双对数初始度分布，网络对称性会快速(超线性)衰减到一个常量水平。图 3.9(d)展示了平均度数为 $\{5,4.5,4,3.5\}$ 之一时，形如 $K_{n,1}$ 的子结构的数量与初始度分布满足双对数幂律分布的斜率 $|\gamma|$ 之间的关系。图 3.9(d)中的 SLP 参数与图 3.9(a)、图 3.9(b)及图 3.9(c)相同。显然，当 $|\gamma|$ 增加时，越来越多的 $K_{n,1}$ 会出现在网络结构中。

根据图 3.9，可以得出这样的结论：仅对于较小的平均度数以及较大的 $|\gamma|$，可以观察到不可忽视的对称性；而在其他情况下，在模拟网络中仅能观察到有限的对称性，因而这些情形可以忽略。

如图 3.9 所示，当平均度数 $\langle k \rangle$ 较小，具体而言接近 1 时，生成的模拟网络具有较高的对称性。注意到那些平均度数 $\langle k \rangle$ 接近 1 的网络结构接近树。而一般而言，树结构具有较高的对称性。类似的结果已经在文献[33]中得到证实：BA 随机树以及均匀随机(uniform random)树具有较高的对称性。

如图 3.9(a)、图 3.9(b)和图 3.9(c)所示，对于较小的 $|\gamma|$，当平均度数 $\langle k \rangle$ 增长时，模拟网络的对称性将迅速衰减到相应的常量水平。这一常量水平上的对称性由初始度的幂律分布的指数决定。从图 3.9 中观察到的如下现象可以证实这一事实：双对数初始度分布的斜率越陡峭，常量水平的网络对称性越高。

当 γ=0，也就是双对数分布曲线的斜率为 0 时，随着平均度数 $\langle k \rangle$ 的增长，网络的对称性指标迅速衰减到 0 或者某个接近 0 的值。然而，随着斜率越来越陡峭，网络对称性迅速衰减到一个大于 0 的常量。因此,对于陡峭的双对数初始度分布，相应的模拟网络具有不可忽视的对称性。

---

① 为了便于描述，此处的平均度数 $\langle k \rangle$ 定义为 $\dfrac{M}{N}$，此处 N 和 M 分别是顶点数和边数。显然 $\langle k \rangle$ 的值是一般意义下网络平均度数的一半。

② 给定一个服从幂律分布的初始度分布 $F(m) = am^{-\gamma}$ 以及初始度的上界 $\bar{m}$，可以计算平均度数 $\langle k \rangle =$ $\sum_{1 \leq m < \bar{m}} mF(m) = \sum_{1 \leq m < \bar{m}} mam^{\gamma} = \dfrac{\sum_{1 \leq m < \bar{m}} m^{1+\gamma}}{\sum_{1 \leq m < \bar{m}} m^{\gamma}}$。那么对每个 γ，对每个 $\langle k_t \rangle$，我们从 1 开始一步步地增加 $\bar{m}$，并按照上述公式计算平均度数 $\langle k_{\bar{m}} \rangle$。如果所计算的值在区间 $\langle k_t \rangle \pm 0.25$，令 $\langle k_t \rangle \approx \langle k_{\bar{m}} \rangle$。

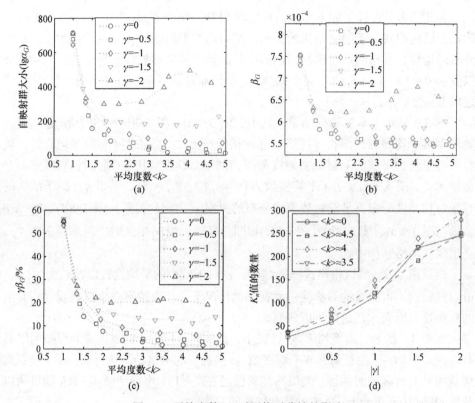

图 3.9　平均度数 $\langle k \rangle$ 对网络对称性的影响

　　上述对称性的存在可以自然地解释。注意到陡峭的初始度分布会导致较小的初始度 m 以较高的概率出现，特别是 $m=1$ 将以较高频率出现。结果，更多的树型子结构将出现在网络中。从图 3.9(d)中可以明显观察到双对数初始度分布的倾斜度与树型子结构数量之间的正相关关系。具体而言，在图 3.9(d)中，形如 $K_{n,1}$ 的子结构数量随着 $|\gamma|$ 的增长而增长。进一步，表 3.3 的数据也说明了 $K_{n,1}$ 的规模与复杂度也随着双对数初始度分布的倾斜度的增长而增长。表 3.3 中生成的 SLP 网络参数与图 3.9(d)相同。表 3.3 记录了 γ 为 $\{0,-0.5,-1,-1.5,-2\}$ 以及 $\langle k \rangle$ 为 $\{3.5, 4, 4.5, 5\}$ 时，$\kappa_{n,1}$ 的子结构的数量，子结构的最小规模、最大规模。

表 3.3　初始度服从幂律分布的 SLP 网络中有关形如 $\kappa_{n,1}$ 的子网络的统计指标

$\langle k \rangle$　γ	0	−0.5	−1	−1.5	−2
3.5	(35, 2, 4)	(76, 2, 11)	(137, 2, 10)	(222, 2, 14)	(295, 2, 26)
4	(35, 2, 5)	(85, 2, 5)	(149, 2, 6)	(240, 2, 9)	(281, 2, 41)
4.5	(36, 2, 4)	(67, 2, 10)	(121, 2, 9)	(192, 2, 18)	(251, 2, 47)
5	(26, 2, 4)	(57, 2, 5)	(113, 2, 6)	(220, 2, 16)	(246, 2, 40)

　　因此，很自然地可以得到这样的结论，那就是单单依据择优链接以及初始度为变量这两个机制，不一定产生对称性。仅在某些特殊情况下，如较小的初始度具有较高的出现概率，特别是 $m=1$ 出现概率较高时，能够产生树状对称。而为了使较小初始度以较高频率出现，需要降低最大初始度，或者增加双对数初始度分布的斜率。

3.4.3　SLP 模型的进一步讨论

　　本节将讨论 SLP 模型在实际应用中的两个具体问题：一是 SLP 模型能否保证生成的网络的度分布服从幂律分布；二是对于给定的网络，如何确定最大初始度。

　　1. SLP 模型的度分布

　　文献[26]已证实，许多真实网络是无标度网络，这意味着这些网络的度分布服从幂律分布。SLP 网络与基本的 BA 模型有着相同的框架，因此我们期望 SLP 模型能够保持无标度特性。

　　为了验证这一猜想，本节设计了如下实验。我们生成初始度分布服从幂律分布的 SLP 网络。SLP 网络相关参数设置为 $n_0=10, \bar{m}=10, \alpha=0.5, \gamma=-2$ 以及 $t=50000$。如图 3.10(a)所示，SLP 网络的度分布服从幂律分布，其指数为 -2.591 ± 0.12，相应的曲线拟合质量 $R^2=0.955$。图 3.10(b)展示的是初始度服从指数分布时的 SLP 网络，相关的参数设置为 $n_0=100, \bar{m}=10, \alpha=0.8, \gamma=-3$ 以及 $t=50000$。如图 3.10(b)所示，相应的 SLP 网络的度分布也服从幂律分布，相应的指数为 -2.648 ± 0.138，相应的拟合质量为 $R^2=0.9524$（对于度较大的点）。在图 3.10(c)所示的实验中，我们生成初始度分布服从幂律分布的 SLP 网络。SLP 网络相关参数设置为 $n_0=1000$, $\bar{m}=10, \alpha=0.1, \gamma=-2$ 以及 $t=50000$。生成的 SLP 网络的度分布仍然服从幂律分

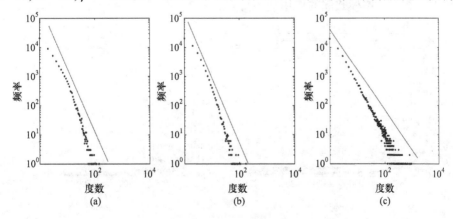

图 3.10　不同参数下的 SLP 网络的度分布

布，其指数为 -1.609 ± 0.052，拟合质量为 $R^2 = 0.9176$。因此，在图 3.10 所示实验中，不同参数下的 SLP 网络，在顶点度比较大时，其度分布均呈现幂律分布的特征。

值得注意的是 SLP 网络度分布受到初始度分布的影响。例如，假定初始度分布服从幂律分布 $F(m) \sim m^{-\gamma}$，那么如果 γ 相对较小，如 $\gamma < 1$，并且 $\bar{m}$ 相对较大，那么平均度数 $\langle k \rangle$ 则会较大。这样一来，每个时刻加入网络中的新顶点所链接的边数将在一个较大的区间范围内变化，结果网络的幂律度分布会受到破坏，也就是在这种情况下，SLP 网络不一定是无标度的。

2. 最大初始度的确定

3.2.4 节已经论述在真实网络的结构形成过程中，相似链接模式仅发生于度相对较小的点。那么很自然，在将 SLP 模型用于模拟真实网络时，需要进一步确定相似链接模式这一规则起着显著作用的初始度临界值，也就是 SLP 模型参数中的最大初始度 $\bar{m}$。对于给定的真实网络，可以统计其 θ_m 分布。根据 θ_m 分布，$\bar{m}$ 可以形式化地定义为

$$\bar{m} = \arg\min\{m' : m \leqslant m', P(\theta_m \leqslant \mu) \geqslant v\} \tag{3.8}$$

其中，$P(\theta_m \leqslant \mu)$ 为 $\theta_{m'} \leqslant \mu$ 且 $m' \leqslant m$ 的概率。$P(\theta_m, \mu)$ 与 m 的关系显示在图 3.11 中。对于四个真实网络，在参数设置 $\mu = 0.9, 0.8, 0.7$ 下，我们绘制了相应的 $P(\theta_m, \mu)$-m 曲线图，图中还给出了三条参考线 $v = 0.95, 0.90, 0.85$。给定 $P(\theta_m, \mu)$-m 曲线和适当的参数 v，不难为一个网络确定其相应的 $\bar{m}$ 值。

初始度临界值 $\bar{m}$ 是控制网络结构演化的关键参数。显然对于初始度小于 $\bar{m}$ 的顶点，相似链接模式对于其链接方式起着重要的支配作用，而对于初始度大于 $\bar{m}$ 的顶点，相似链接模式起的作用则小得多。

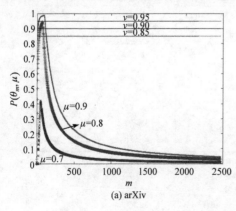

(a) arXiv

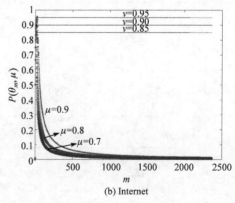

(b) Internet

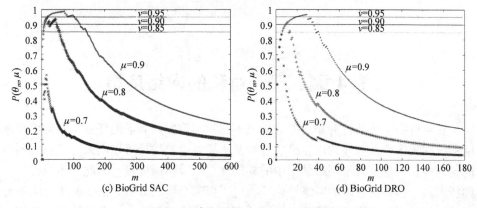

图 3.11　真实网络 $P(\theta_m, \mu)$-m 曲线图

3.5　本 章 小 结

本章通过对真实网络中局部对称子团，包括(一般)对称二分子团的统计数据的分析，发现相似链接模式是产生网络对称性的微观机制。为了将相似链接模式集成到基本的 BA 模型中，我们对 BA 模型作了两个方面的修改：①将初始度数从常量扩展到服从某个分布的变量；②增加目标顶点的链接概率。实证分析证实了相似链接模式对于网络对称性产生的积极作用。也进一步证实了没有相似链接模式，仅遵循择优链接以及初始度为服从特定分布的变量只能产生树状对称。

对称二分子团在真实网络中统计意义上显著地存在意味着顶点的链接行为不是随机的而存在特定的支配规则。这一规则就是相似链接模式。而相似链接直接的重要的结果就是真实网络中丰富的对称性。对称性，作为真实网络中普遍存在的性质[33,34]，为考察复杂系统的静态、动态特性提供了新的角度。从这一全新视角，本章提出了一个新的能够再生真实网络对称性的网络增长模型。这一模型将使真实网络模拟更为准确、更为接近真实网络。

第 4 章　基于对称的网络度量

在对网络系统的行为和功能的研究中，一项重要且必需的任务是精确度量网络系统的无序性或者异构性。虽然各种基于顶点度数的熵可以用来度量真实网络的异构性，但是蕴含于网络结构中的异构性仍难以精确度量。为此，本章提出一种新的基于自映射分区的网络结构熵。对于极端个例的分析显示：基于自映射分区的熵相对于基于度数的熵而言能够较为精确地度量网络的结构异构性。我们统计了许多真实网络的对称性和异构性指标，发现在基于自映射分区的结构熵刻画下，真实网络更为异构。同时，也发现真实网络的结构异构性与其对称性有着较强的反相关关系。

度量图之间的距离是图数据处理的基础问题之一。基于结构的图距离度量由于其不依赖于代价函数或者特征函数的定义，得到了广泛的应用。现有的基于结构的图距离度量由于只使用了顶点和边的数量信息，所以存在精度不高的问题。为了提高基于结构的图距离度量的精确性，本章定义了子结构映射函数以获取网络中特定子图模式，并定义了基于子结构信息的一系列的图距离度量。最后将这些度量用于人群结构分析中，证实了利用子结构信息可以提高图距离度量精度。

本章将针对上述两个基于对称理论的网络度量展开论述。

4.1　基于对称的网络结构熵

4.1.1　结构异构性

近年来，涌现出大量的文献致力于研究真实网络的统计性质，其中基于顶点度的统计特性占据了较大比例，相关的统计指标包括度分布[26, 85, 86]、度相关性(degree correlation)[87-89]、基于度的结构熵(structure entropy)[90, 91]等。真实网络很多重要性质的研究也大都基于这些指标展开，如网络的异构性(heterogeneity)[26]、同类相吸性(assortative mixing)[28, 30]和自相似性(self-similarity)[32, 92]。基于节点度的统计指标为网络性质的深入研究奠定了基础，然而在很多真实应用中，这些指标仍然存在一定缺陷，难以满足实际需要。

节点度表达了该节点与网络中其他节点的交互数量，这是描述网络结构最为基本的、最为重要的信息。然而，一定意义上，度也仅为人们提供了关于网络的较为模糊的描述。因为很显然相同度数的顶点可能具有很多不同的性质，如通过该顶点的最短路径数目。也就是说，从顶点结构特征的刻画角度来看，度对于网络顶点性质的刻画过于粗糙。用数学语言来说，也就是利用度的等价性所刻画的顶点集上的划分，利用更多的顶点上的结构约束，可以很容易地进一步划分为更为细致的等价类。这样一来，在比度划分更细的顶点划分粒度下考察网络，网络将呈现怎样的统计特性，这是网络科学领域尚未回答的问题。基于自映射等价关系所构造的顶点集上的划分就是一个典型的比度等价关系下的顶点划分更为细致的划分，在这一划分下，考察网络的统计特性，将成为本章的主要内容。既然基于顶点度的统计指标是整个复杂网络研究的基础，我们认为在更细粒度下，具体而言在自映射等价粒度下考察网络将对复杂网络的研究产生重要影响。其中一个重要的问题，就是网络异构性度量。

近年来，越来越多的文献意识到度量网络异构性在真实网络功能与行为研究中的重要性。文献[93]中的工作致力于直接识别蕴含于网络中的规则性和同构性，以期更细致地刻画网络结构。文献[85]证实了网络异构性与无标度(scale-free)健壮且脆弱双重特性(无标度网络对于顶点的随机失效是健壮的，而对于有意攻击是脆弱的)之间的紧密联系。进一步，文献[94]发现度分布同构的连通网络比度分布异构的网络容易同步，尽管其网络平均距离可能比较大。

在此背景下，学术界也已涌现了大量网络异构性度量方法[90,91,95]。具体而言，文献[91]提出了一种基于顶点度的熵，文献[28]和文献[30]提出了基于剩余度的熵。这些度量都是基于顶点的度信息。然而，顶点度本质上度量的是网络的度分布的异构，而非真实的网络结构的异构性。在很多场合中，度异构性只是在无法精确度量网络结构异构性时的一种代替方案，实质上只是对于网络结构异构性精确刻画的一种近似。如例 4.1 所示，网络中度相同的顶点，可以根据顶点的结构度量，如经过该点的三角形的数量、经过该点的最短路径数量(又称为介数(betweenness)[96])，进一步加以区分。因此，基于度信息的网络异构性度量并不能准确度量网络的结构异构性。

幸运的是，自映射分区可以自然地将顶点集划分为结构等价的等价类，从而提供了一种较好的网络结构异构性度量方法。自映射分区是根据顶点之间的自映射等价关系构造的。前面已经描述，两个顶点是自映射等价的，当且仅当存在一个网络上的自映射能够将其中一个点映射到另一个点。在这里，这种顶点集上的自映射等价关系又称为结构等价①。因为自映射等价的顶点在所有顶点不变量的度量下，都具有相同的取值。而如前面所述，这些顶点不变量包括

---

① 需要注意的是在文献[50]中，这种自映射等价关系又称为 similar。在文献[97]中，两个顶点结构等价，当且仅当它们具有相同的邻居，这实质上是一种较强的结构等价性，与此处的结构等价性意义并不完全相同。

了绝大多数常见的面向顶点的度量。换言之，如果某两个顶点在某个顶点不变量下有着不同的取值，那么这两个顶点必定不是自映射等价的。因此自映射分区从结构角度提供了更为强大的区分顶点的能力，从而成为度量网络结构异构性的最佳选择。

　　例 4.1　图 4.1(a)展示了被称为 cuneane 的分子结构，具有相同形状的顶点属于自映射分区中的相同的等价类(也就是在相同的轨道中)，显然图 4.1(a)不是顶点可传递的。图 4.1(b)展示了 3-立方体(3-cube)[98]，记作 Q_3，显然所有顶点都在相同的轨道中，因而该图是顶点可传递的。这两张图中所有顶点度数都是 3，因而都是 3-规则图，因此在基于度分布的熵的度量下，cuneane 和 Q_3 是完全同构的。然而，通过直观的观察可以发现这两张图的同构性或异构性有着明显的不同。显然，Q_3 中所有的顶点从结构角度来看都是完全等价的，无法区分，从而形成只包含一个等价类的自映射划分。而在 cuneane 中，可以很容易地将顶点 1、8 与其他顶点区分开来，因为仅有 1 和 8 不经过两个三角形。进一步可以验证仅有顶点 4 和 5 是由一条介于两个不同三角形之间的边相连接的，因而 4 和 5 也被区分出来。以此类推，最终可以得到 cuneane 顶点集上的一个比度划分更细致的划分 $P = \{\{1,8\}, \{4,5\},\{2,3,6,7\}\}$。不难验证，这个划分 P 就是该图的自映射分区。

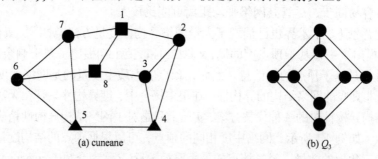

(a) cuneane　　　　　　　　　　(b) Q_3

图 4.1　两个 3-规则图

4.1.2　基于自映射分区的结构熵

　　为了精确度量真实网络的结构异构性，本章首先定义基于自映射分区的结构熵(entropy based on automorphism partition，EAP)，如下：

$$EAP = -\sum\nolimits_{1 \leqslant i \leqslant |\mathscr{P}|} p_i \log p_i \tag{4.1}$$

其中，$\mathscr{P}$ 为网络的自映射分区；p_i 是某个顶点落在等价类 $V_i \in \mathscr{P}$ 中的概率。显然，给定网络的自映射分区 $\mathscr{P} = \{V_1, V_2, \cdots, V_k\}$，$p_i$ 可以计算如下：

$$p_i = \frac{|V_i|}{\sum_j |V_j|} = \frac{|V_i|}{N} \tag{4.2}$$

其中，N 为网络的顶点数。

显然，对于具有 N 个点的网络，EAP 的最大取值 $\text{EAP}_{\max} = \log N$，此时的网络满足对于 $1 \leqslant i \leqslant |\mathscr{P}|$，$p_i = \dfrac{1}{N}$，换言之该网络具有离散(discrete)的自映射分区。对于具有 N 个点的网络，EAP 的最小值，也就是 $\text{EAP}_{\min}$ 等于 0，此时网络的自映射分区是单元(unit)分区，也就是说所有的顶点都属于同一个等价类，或者所有顶点两两之间都是彼此结构等价的。EAP 取得最大值时的网络对应于完全结构异构的网络，也就是非对称网络；EAP 取值最小的网络对应于完全结构同构的网络，也就是顶点可传递网络(vertex-transitive networks)。图 4.2 展示了 EAP 取得极值下的情况。

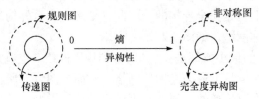

图 4.2　在不同的结构熵度量下的极值情况

为了比较不同规模网络的结构熵，需要将上述结构熵进行归一化处理。归一化的基于自映射分区的熵(normalized entropy based on automorphism partition，NEAP)定义为

$$\text{NEAP} = \frac{\text{EAP} - \text{EAP}_{\min}}{\text{EAP}_{\max} - \text{EAP}_{\min}} = \frac{\text{EAP}}{\log N} \tag{4.3}$$

其中，N 为网络的顶点数。为了便于描述，基于剩余度分布的熵(entropy based on remaining degree distribution)记作 ERDD[90]，基于度分布的熵(entropy based on degree distribution)记作 EDD[91]。这两种熵与 EAP 的定义有着相同的形式，均定义为式(4.1)，不同的是对于 EDD，p_i 表达的是网络中任一顶点具有度 i 的概率；而对于 ERDD，p_i 表达的是网络中任一顶点具有剩余度 i 的概率。顶点的剩余度定义为顶点度减一。同样也可以按照式(4.3)定义 ERDD 和 EDD 相应的归一化的熵，分别记作 NERDD 和 NEDD。例 4.2 展示了上述各种熵的计算。

例 4.2　在图 4.1(a)中，cuneane 是规则图，因此 EDD = ERDD = NEDD = NERDD = 0，在基于度分布的熵度量下该图是完全同构的。然而，cuneane 的自映射分区不是单元分区，其中，$p_1 = p_2 = \dfrac{1}{4}$，$p_3 = \dfrac{1}{2}$，所以 $\text{EAP} = -\dfrac{1}{4}\log\dfrac{1}{4} -$

$\dfrac{1}{4}\log\dfrac{1}{4} - \dfrac{1}{2}\log\dfrac{1}{2} = \dfrac{1}{2}\log 8$，$\text{NEAP} = \dfrac{\dfrac{1}{2}\log 8}{\log 8} = 0.5$，这是大于 0 的值，因此可以认为，

cuneane 在一定程度上是异构的，而非在基于同映射分区的结构熵度量下的完全同构。显然，在此例中 EAP 比 ERDD 和 EDD 更适合度量网络异构性。

ERDD 和 EDD 的最大值都是 $\log N$，但是这两个最大值所对应的网络类型不同。对于 EDD，最大的熵值对应完全度异构(completely degree-heterogenous)的网络，也就是网络中任意两个顶点的度都不相同；对于 ERDD，最大的熵值对应完全剩余度异构(completely remaining-degree-heterogenous)[①]的网络，在这种网络中所有可能的剩余度等可能地分布。

在 EDD 的度量下，完全度异构网络是最为异构的。然而正如例 4.3 所示，在结构上完全异构的网络没必要是完全度异构网络，而完全度异构网络一定也是结构上完全异构的网络。事实上，完全度异构条件太强，实质上网络只要是非对称的，该网络在结构上就是完全异构的。因此，结构上完全异构的网络应该从完全度异构扩展到非对称网络，如图 4.2 所示。

ERDD 和 EDD 的最小值都是 0，都对应到规则网络。也就是说，规则网络是在这两种基于度的熵度量下最为同构的网络。然而如图 4.1 所示，规则网络又可以进一步细分为顶点可传递的、顶点不可传递的两种类型，并且仅有顶点可传递的网络才是结构上完全同构的网络。因此，如图 4.2 所示，结构上最为同构的网络应该被限制于顶点可传递网络。显然基于度的熵不能精确刻画此种情形，而基于自映射分区的熵可以准确地刻画这一极端情形。

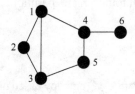

图 4.3　一个非对称网络

例 4.3　图 4.3 是一个典型的非对称网络，也就是不存在任意一个非平凡的自映射的网络，从而导致相应的自映射分区为离散分区。显然该图的度划分 $\mathscr{D} = \{\{1,3,4\},\{2,5\},\{6\}\}$，比其自映射分区粗糙。在度为 3 的等价类 $\{1,3,4\}$ 中，只有顶点 4 与某个度为 1 的点相邻接，这一事实即可将其从 $\{1,3,4\}$ 中区分出来。而顶点 1 与两个度为 3 的点相邻接，顶点 3 只与一个度为 3 的点相邻接，这些事实又进一步可以将顶点 1 和 3 相区分。通过类似的分析，可以把该图中任一顶点与其他顶点区分开来。因此，该图是完全结构异构的，但显然该图不是完全度异构的。所以完全结构异构网络等价于非对称网络，而不必要是完全度异构网络。

根据前面的论述，基于度的结构熵和基于对称的结构熵之间的关系可以归纳为下面的陈述：

$$\mathrm{EDD}(G) = \mathrm{EDD}_{\max} \Rightarrow \mathrm{EAP}(G) = \mathrm{EAP}_{\max}\,，但是反之不一定成立；$$

---

① 事实上，对于连通的简单图，也就是图中不包含多边以及自环的图，根据顶点度，N 个顶点至多被划分为 $N-1$ 个等价类 $(1,2\cdots,N-1)$。所以，所谓的完全度异构实质上是一种理想情况，在真实的简单网络中，是很难发现真正意义上的完全度异构的网络的。

$$\text{EAP}(G) = \text{EAP}_{min} \Rightarrow \text{EDD}(G) = \text{EDD}_{min}，但是反之不一定成立；$$

$$\text{EDD}(G) = \text{EDD}_{min} \Leftrightarrow \text{ERDD}(G) = \text{ERDD}_{min}；$$

其中，$\text{EDD}(G)$、$\text{ERDD}(G)$ 和 $\text{EAP}(G)$ 分别表示网络 G 的 EDD、ERDD 和 EAP 值。

图 4.2 形象地表达了上述关系。虚线描绘的圆圈表达的是在 NEDD 度量下，取得极值的网络。实线描绘的圆圈表达的是在 NEAP 度量下，取得极值的网络。圆圈之间的包含关系表达了相应的网络集合之间的包含关系。值得注意的是 NERDD 的极小值对应的网络也可以表达为虚线描绘的圆圈。但是 NERDD 的极大值对应的网络对应的是在 NEDD 或 NEAP 度量下取值范围为[0, 1]的网络。

4.1.3 结构熵分析

本节将利用基于对称的结构熵，对真实网络展开实证分析，并揭示大多数真实网络在基于对称的结构熵度量下比在基于度的结构熵的刻画下更为异构。

1. 熵值分布

我们收集了 125 个真实网络数据[①]，计算相应的 NEDD、NERDD 和 NEAP 值。如图 4.4 所示，真实网络的 NEDD 值倾向于落在[0.2, 0.8]这一区间(一共有 87.2% 网络的 NEDD 值落在这一区间)，NEDD 的均值是 0.47；真实网络的 NERDD 值倾向于落在区间[0.4, 0.8](共有 75.2%的真实网络落在这一区间)，其均值为 0.53；但真实网络的 NEAP 值倾向于落在区间[0.8, 1](共有 80.8%的真实网络落在这一区间)，其均值为 0.89，接近 1。此外，如图 4.5 所示，对于几乎所有测试的真实网络，NEAP 值都大于 NEDD 和 NERDD。因此，从上述观察可知从自映射划分来看，真实网络是相当异构的。具体而言，从本节的数据来看，真实网络有着较大的概率(在本节的样本中大于 80%)，取得大于 0.8 的 NEAP 值。

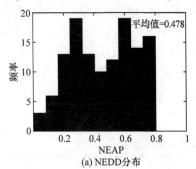

(a) NEDD分布

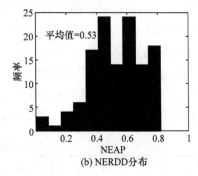

(b) NERDD分布

① 这些真实网络数据均来自于 Pajek 网站，http://vlado.fmf.uni-lj.si/pub/networks/data。

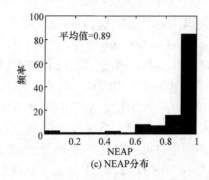

(c) NEAP分布

图 4.4　对于 125 个真实网络，NEDD、NERDD 和 NEAP 的值分布

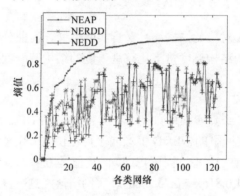

图 4.5　三种结构熵的比较(横轴代表各类网络，按照 NEAP 值的升序排序)

2. 不同类型网络分析

进一步选择一些有代表性的真实网络和典型的模拟网络，对这些个例进行具体分析。表 4.1 给出了各种真实网络以及模拟网络的相关统计指标。其中真实网络包括技术网络(USPowerGrid：美国电网；InternetAS：自治级别的 Internet 结构)，社会网络(arXiv：文献引用网络；USAir97：美国空中交通网；PairsP 和 foldoc：语言关系网络；Erdos02：Erdos 合作关系网)和生物网络(BioGrid：基因以及蛋白质交互关系；PPI：蛋白质交互关系网络)。InternetAS 数据使用的是 2006-07-10 的 Internet 自治级别的结构快照，详情参见 CAIDA 网址[70]；arXiv 数据使用的是 2003-04 HEP-TH(高能物理理论)文献引用网络[69]。

表4.1　真实网络和模拟网络中基于结构熵的统计指标

真实网络		N	M	z	$\lg \alpha_G$	β_G	γ_G/%	NEDD	NERDD	NEAP
技术网络	USPowerGrid[16]	4941	6594	2.67	152.71	5.90×10^{-4}	16.7	0.20	0.25	0.98
	InternetAS[70]	22442	45550	4.06	11346	3.8784×10^{-4}	76.1	0.16	0.39	0.84

续表

真实网络		N	M	z	$\lg\alpha_G$	β_G	γ_G/%	NEDD	NER DD	NEAP
社会网络	arXiv	27770	352285	25.37	333.26	1.01×10^{-4}	3.51	0.41	0.51	0.99
	USAir97[100]	332	2126	12.81	24.41	9.59×10^{-3}	26.20	0.539	0.68	0.95
	PairsP[101]	10617	63782	12.02	632.80	2.90×10^{-4}	24.32	0.32	0.47	0.97
	foldoc[102]	13356	91471	13.6974	17	2×10^{-4}	0.80	0.32	0.39	1
	Erdos02[103]	6927	11850	3.42	4222.5	1.6×10^{-3}	73.75	0.15	0.44	0.77
生物网络	BioGrid-SAC[104]	5437	73054	13.43	57.79	5.12×10^{-4}	3.2739	0.48	0.61	1.00
	BioGrid-MUS[104]	218	400	3.65	126.93	4.69×10^{-2}	77.98	0.28	0.47	0.64
	BioGrid-HOM[104]	7522	20029	5.32	935.09	4.81×10^{-4}	24.47	0.28	0.43	0.94
	BioGrid-DRO[104]	7528	25196	6.69	624.32	4.27×10^{-4}	21.36	0.30	0.45	0.96
	BioGrid-CAE[104]	2780	4350	3.13	829.69	1.94×10^{-3}	51.08	0.21	0.411	0.85
	PPI[105]	1870	2203	4.7123	518.6	2.7×10^{-3}	53.32	0.21	0.34	0.82
模拟网络	Star Graph	2000	1999	1.99	5732.2	0.9962	99.95	5.65×10^{-4}	0.09	5.65×10^{-4}
	BA(1)	2010	2000	1.99	282.09	1.90×10^{-3}	56.37	0.17	0.30	0.91
	BA(2)	2010	4000	3.98	0.60	1.40×10^{-3}	0.2	0.24	0.35	1
	BA(3)	2010	6000	5.97	0	1.35×10^{-3}	0	0.28	0.39	1
	BA(4)	2010	8000	7.96	0	1.35×10^{-3}	0	0.31	0.43	1
	ER(1)	2000	2081	2.08	507.97	2.4×10^{-3}	34	0.225	0.228	0.89
	ER(2)	2000	4002	4	51.33	1.4×10^{-3}	2.65	0.276	0.274	0.99
	ER(3)	2000	5923	5.90	2.07	1.36×10^{-3}	0.25	0.30	0.30	1
	ER(4)	2000	8137	8.14	0	1.36×10^{-3}	0	0.32	0.32	1

对于模拟网络，我们生成了 4 个 BA[31]网络，其中参数 m (新加入网络的点与网络中现有的点连接的边数)以 1 为步长，从 1 增加到 4。同时也使用 Pajek[73]生成了 4 个 ER[74]网络，其平均度数分别近似为 {2,4,6,8}。我们还生成了一个有着 2000 个非中心顶点的星型图(star graph)，也就是形式为 $K_{1,n}$ 的二分图。

所有的网络都被预处理为无向的、不带权重的、无环、无多边的简单网络。需要注意的是，这里使用的是整个网络而非网络的最大连通分量，因为网络的连通性对网络异构性度量有着直接影响，是一个不可忽视的因素。例如，网络中所有孤立的点就可以视作是在一个结构等价类中，对于网络的同构性有着正面的贡献。表 4.1 中统计的指标包括：刻画网络基本信息的指标，包括顶点数 N、边数 M、平均度数 z；刻画网络对称性的指标，包括网络的 α_G[66](为了便于表示，这里使用的是 $\lg\alpha_G$)，$\beta_G = (\alpha_G / N!)^{1/N}$ [33, 34]；$\gamma_G = \dfrac{\sum_{1\leqslant i\leqslant k_i, |V_i|>1}|V_i|}{N}$ [99]。

通过表 4.1，可以从平均度数较小的 BA 网络和 ER 网络中观察到一定程度的对称性。这一事实可以归结为以下两个原因：①当平均度数很小时，网络结构接近于树，因此会产生树状对称(tree-like symmetry)[33,99]；②本书使用的是整个网络而非其最大连通分量，所以当平均度数较小时，生成的模拟网络中可能存在部分孤立顶点，这些孤立顶点会对网络对称性产生重要贡献。

从表 4.1 可以观察到一些有意思的事实：一些真实网络在基于度的熵度量下非常同构，而在基于对称的结构熵度量下却非常异构。在表 4.1 中，几乎所有的真实网络(除 arXiv、USAir97、BioGrid-SAC 的 NERDD 值，USAir97 的 NEDD 值)，相应的基于度的结构熵的值都小于 0.5；然而，所有的真实网络的 NEAP 值都大于 0.6。如果取区间[0, 1]的中值，也就是 0.5 作为表示网络是否异构的阈值，那么在基于度的结构熵度量下，真实网络倾向于被定性为是同构的；而在基于对称的结构熵度量下，则倾向于被定性为非常异构的。

既然基于自映射分区的结构熵比基于度的结构熵更能准确地刻画网络的结构异构性。因此，有理由相信大多数真实网络在结构上是非常异构的。

观察表 4.1 中模拟网络的统计指标，可以看出星型图的 NEAP 值接近 0，说明星型网络的结构是非常同构的。事实上，在星型图中，所有顶点除了中心点都属于同一个自映射分区中的等价类。因此，星型网络 NEAP 值很小是可以得到自然解释的。

一般来说，BA[26]无标度网络被认为比 ER[74]随机网络更为异构[26]。这一事实基于对两者的度分布的直观观察。BA 无标度网络的双对数度分布是一个典型的右倾(right-skewed)的分布，而 ER 随机网络的度分布服从指数分布并拥有明显的尺度(也就是指数分布的均值)。然而，上述观点一直没有得到理论证明；由于一直以来缺乏合适的网络异构性度量，上述结论也没有得到定量验证。在本书中，利用上述结构度量可以对此结论加以验证，我们发现，在 NEDD 和 NERDD 的度量下，BA 网络和 ER 网络之间的度异构性差别不大，相应的熵值之差小于 0.05；而在 NEAP 的度量下，相应的熵值之差更小，小于 0.02，并且两类网络是非常异构的。因此，与直观观察的结论不同，在各种结构熵度量下，BA 网络与 ER 网络有着相近的异构性；在基于对称的结构熵度量下两者都是非常异构的。

下面将进一步研究结构异构性与网络对称之间的关系。为了统计两者之间的相关性，我们使用了图 4.5 所使用的 125 个真实网络和表 4.1 中几类模拟网络(23个)，一共 148 个网络，绘制了 γ_G-NEAP 相关性曲线以及 β_G-NEAP 相关性曲线。其结果显示在图 4.6 中。从中可以观察到 NEAP 与 β_G 和 γ_G 与 NEAP 之间存在着较强的反相关性。具体而言，NEAP 似乎与 β_G 和 γ_G 或负相关，其相关系数分别为–0.703、–0.853。事实上，如果一个网络非常对称，顶点之间有着较高的概率彼此结构等价，从而导致网络的自映射分区接近单元分区，此时网络结构是完全同构的。反之，如果网络结构接近非对称网络，顶点在结构度量下可以非常容易地区分开来，从而导致网络的自映射分区接近离散分区，此时网络结构是完全异构的。因此，可以得到如下结论：结构异构性与网络对称性有着较强的反相关性。换言之，越对称的网络在结构上越同构，越不对称的网络，在结构上越异构。

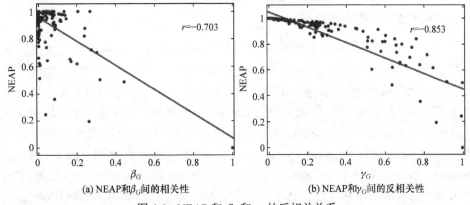

(a) NEAP和β_G间的相关性　　　　　　　(b) NEAP和γ_G间的反相关性

图 4.6　NEAP 和 β_G 和 γ_G 的反相关关系

4.1.4　基于对称的结构熵小结

本节论述了在很多情况下，由于度对于顶点的结构特征的描述十分有限，基于度的结构熵不能准确刻画复杂网络的结构异构性。相比较而言，网络的自映射分区能够自然地将顶点集划分为若干结构等价类，可以较为精确地区分不同等价类中顶点的特征，从而使得基于此的网络结构熵能够更为准确地度量网络结构异构性。

本节系统地分析了在各种结构熵(包括两个基于度的结构熵和本章提出的基于对称的结构熵)的度量下，熵值取得极值时相应的网络类型。通过对这些极值网络的分析，我们发现基于对称的结构熵对于网络异构性和无序性的度量比基于度的结构熵更为合理。我们统计了 100 多个真实网络的对称性以及异构性指标，发现真实网络在基于对称的结构熵度量下比在基于度的结构熵度量下，更为异构。进一步，我们证实了结构异构性与网络对称性之间有着较强的反相关关系。

一般而言，网络结构异构性与网络复杂性之间有着较为紧密的联系，具体而言这种联系表现为越异构，越复杂。因此，我们认为精确刻画网络结构异构性将会对进一步认识网络系统的复杂性提供新的机会。

4.2　基于对称的图距离度量

网络越不对称，其中可以找到的不同构的子结构模式越多，也就是说其子结构越丰富。子结构模式在很多真实网络，特别是生物网络中，有着丰富的领域内涵。本节将提出一种利用这种子结构丰富特性的图距离度量，它不仅具有较为丰富的领域内涵，还能够较为显著地提高图距离度量的精确性。这一新的图距离度量符合一般的基于结构的图距离度量的框架。本节将先讨论现有的基于结构的图距离度量，以及图对称对于图距离度量的影响，然后给出各种基于子结构信息的图距离度量的具体形式，最后将其应用到人群结构分析中。

4.2.1　基于结构的图距离度量

许多实际应用需要度量图距离[106-112]。例如，在计算机视觉和模式识别领域[107, 108]，在典型的图模式匹配中需要度量某个图与已知图模式之间的距离。在化学信息学领域[109-112]，表达为图结构的不同化学分子结构之间的距离定义是化学分子搜索中的关键环节。图相似性或者图距离度量的重要性使各个领域涌现出大量的图距离度量[113-120]。现有的图距离度量可以分为三类：基于代价的编辑距离度量(cost-based edit distance measures)、基于结构的距离度量(structure-based distance measures)和基于特征的距离度量(feature-based distance measures)。文献[121]证明基于结构的图距离度量，其中典型的是基于最大公共子图(maximal common subgraph, MCS)[122]，等价于特定代价函数下的编辑距离，因而基于结构的图距离和基于代价的图距离可被视作一类。

图编辑距离依赖于代价函数的定义。通常代价函数的定义取决于图距离的应用领域，不同的领域有着不同定义方式，因此合理的代价函数的定义是图编辑距离应用的难点。基于特征的图距离度量的核心思想是将图结构转换成一个特征向量。其应用的难点在于如何定义合理的结构特征。可见，图编辑距离和基于特征的距离的最终度量效果都依赖于人为的选择，缺乏客观性。而基于结构的图距离度量既不依赖于代价函数的定义，也不依赖于结构特征的选择，避免了人为选择的主观性，因而近年来受到重视。最近，一些高效的基于结构的图距离度量的计算算法的出现[109]使得基于结构的图距离度量成为得到较多应用的图距离度量。

基于结构的图距离度量的主要思想是利用两图之间的最大公共子图作为两图相似程度的度量。如果图 G_{12} 子图同构于图 G_1 和 G_2，则称图 G_{12} 是图 G_1 和 G_2 的公共子图。图 G_1 和 G_2 的公共子图中最大的称为最大公共子图(maximal common subgraph)。虽然已经涌现出大量的基于结构的图距离度量，但是在一些应用领域的图距离仍然难以准确度量。如图 4.7 所示，假设需要度量图 G_1、G_2 和 G_3 三者之间的距离，如果使用基于最大公共子图的图距离度量，我们发现 G_{12}(G_1 和 G_2 之间的最大公共子图)、G_{13}(G_1 和 G_3 之间的最大公共子图)有着相同的顶点数和边数。因此，根据现有基于 MCS 的图距离度量[114]可以得到的结论是，G_2 和 G_1 的相似程度和 G_3 和 G_1 的相似程度相同。但是，通过观察我们发现 G_{13} 比 G_{12} 包含了更为丰富的子结构信息。如图 4.8 所示，G_{13} 包含了 G_{12} 中不存在的一些子结构，如三角形和星形。因此，从子结构丰富性的角度来看，G_{13} 在直觉上比 G_{12} 更为重要，因此 G_3 与 G_1 的相似程度应该强于 G_2 与 G_1 的相似程度。

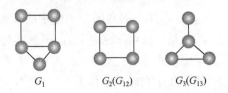

G_1　　　　　$G_2(G_{12})$　　　　　$G_3(G_{13})$

图4.7　三个图和它们之间的最大公共子图

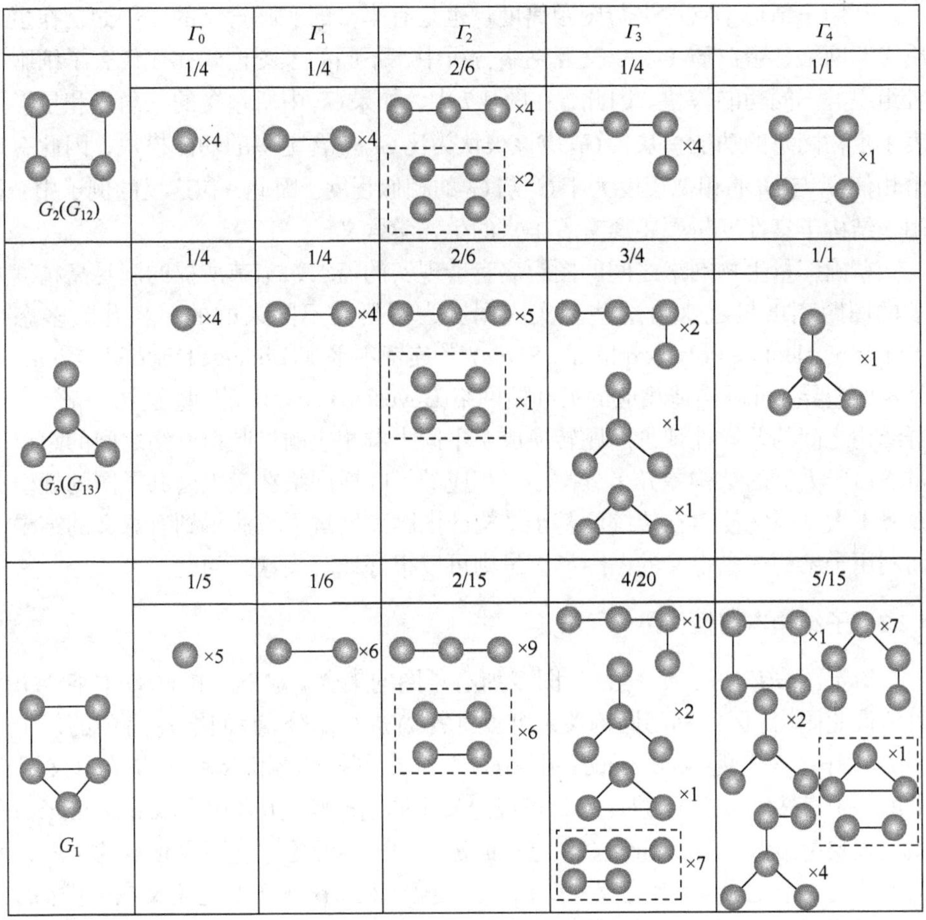

	Γ_0	Γ_1	Γ_2	Γ_3	Γ_4
$G_2(G_{12})$	1/4　×4	1/4　×4	2/6　×4 / ×2	1/4　×4	1/1　×1
$G_3(G_{13})$	1/4　×4	1/4　×4	2/6　×5 / ×1	3/4　×2 / ×1 / ×1	1/1　×1
G_1	1/5　×5	1/6　×6	2/15　×9 / ×6	4/20　×10 / ×2 / ×1 / ×7	5/15　×1 / ×7 / ×2 / ×1 / ×4

图4.8　图中的子结构

　　显然，子结构丰富性对图距离度量有着重要影响，这是本章所提的新的图距离度量的基本出发点。传统的基于子结构的图距离度量，主要利用最大公共子图中的顶点数和/或边数作为两图相似程度的度量。这是刚才的例子中无法区分出 G_{13} 与 G_{12} 的原因。如果能够利用更为复杂的子结构的信息，如在刚才的例子中，当考察 G_{13} 与 G_{12} 在规模为 3 的子结构模式的数量时，它们之间的差异则有着较为明显的体现(图 4.8)，因此可以期望得到较为准确的图距离度量。本节正是利用图在复杂的子结构模式上的显著差异，提高图距离度量的准确性。

图的子结构丰富性本质上是由其对称性决定的，图越不对称，其子结构越丰富，也就是可以找到的不同的子图模式越多。在图4.8中，图G_{12}的对称群是D_4，自映射数量为12，而G_{13}的对称群为D_2，自映射数量为2。显然G_{12}的对称性无论在何种对称性度量下都比G_{13}更为对称。正是因此，G_{13}中的子结构模式的数量显著多于G_{12}。

利用子结构丰富性进行图距离度量也是有丰富的实际含义的。例如，在蛋白质交互网络、蛋白质-DNA交互网络分析中，不同的子图模式往往代表了细胞或者组织的不同功能模块。因此，在图4.7中，如果G_{13}中所包含的三角形和星形代表了生物网络的功能模块，G_{13}应该被认为比G_{12}蕴含更多的功能模块，因此有理由相信G_3与G_1的相似程度大于G_2与G_1的相似程度。因此，在这里的例子中，利用子结构丰富性度量图距离有着丰富的生物学含义。

精确度量生物网络之间的图距离有着现实的需求，本节所提的满足高精度要求的图距离度量就来自这些现实应用。为了研究不同人群的单核苷酸多态性(Single Nucleotide Polymorphisms, SNPs)[122]连锁不平衡(Linkage Disequilibrium, LD)结构的差异，可以构造相应的贝叶斯网络(Bayesian networks)[123]。这样一来，将人群结构之间的差异性评价问题转换成了不同人群相应的贝叶斯网络之间的距离度量。由于人群的结构差异十分微小，相应的贝叶斯网络在最大公共子图的规模上差异不大，最终使得在传统的基于结构的图距离度量下无法得到有意义的结果，而利用子结构信息定义的图距离度量则可以很好地解决这一问题。

4.2.2　子结构丰富性向量

给定图$G(V,E)$，令$\tau(G)$为图G所有子图的集合。显然，在$\tau(G)$中某些子图可能彼此同构。因此利用同构关系可以将$\tau(G)$进行划分。我们把$\tau(G)$中的每个子图H称作一次出现(occurrence)，把$\tau(G)$中与H同构的等价类称作H在其父图G中的一个模式(pattern)。进一步，可以定义子图出现映射(occurrence mapping)和子图模式映射(pattern mapping)。在这里的定义中，不考虑包含孤立顶点的子图，因而严格意义上定义4.1和定义4.2中的子图模式和子图出现都是定义在i条边的边导出子图(edge-induced subgraph)上的。

定义 4.1(模式映射)　一个模式映射τ_i是一个关于图G的函数，它将图G映射到$\tau_i(G)(0 \leqslant i \leqslant |E(G)|)$，$\tau_i(G)$是图$G$中有着$i$条边的子图模式集合。

定义 4.2(出现映射)　一个出现映射τ_i是一个关于图G的函数，它将图G映射到$\tau_i(G)(0 \leqslant i \leqslant |E(G)|)$，$\tau_i(G)$是图$G$中有着$i$条边的子图出现的集合。

为了使上述定义能够兼容利用顶点数作为网络规模的图距离度量，令$i=0$时，$\tau_i(G)=V$。这样一来，可以定义子结构丰富性向量(structure abundance vector,

SAV)(见定义 4.3)。进一步，可以证明 SAV 是图的一个不变量(定理 4.1)。本节的所有详细的证明都被省略了，具体证明过程参见文献[124]。

定义 4.3(子结构丰富性向量) 图 $G(V,E)$ 的子结构丰富性向量是一个 $|E(G)|+1$ 维向量，其中每一维的值为 $|\tau_i(G)|$，其中 $\tau_i(G)$ 是图 G 的一个子图出现映射或者子图模式映射。

定理 4.1 子结构丰富性向量是一个图不变量。

令图 $G(V,E)$ 的 SAV 为 $\vec{V}(G)$。当 $\tau_i(G)$ 定义为图 G 的一个子图出现映射时，有 $\vec{V}(G)=(n,C_m^1,\cdots,C_m^m)$ 成立。由于规模为 i 的子图之间可能是同构的，所以当 $\tau_i(G)$ 为子图模式映射时，$\vec{V}(G)$ 每一维的值将小于或等于 C_m^i。根据第 6 章的定理 6.1，可以得到如下结论：对于图 G 的某个子图 $X(V',E')$，当 X 为 G 的导出子图时，图 G 中与 X 同构的子图的数量为 $\dfrac{|\mathrm{Aut}(G)|}{|\mathrm{SS}(G,V')|}$，其中 $\mathrm{SS}(G,V')$ 是 $\mathrm{Aut}(G)$ 中保持 V' 不动的子群[①]。因此，图 G 越对称，与子图 X 同构的子图也越多，从而不同的子图模式数目也就越少。例 4.4 给出了子结构丰富性向量的一些例子。

例 4.4 在图 4.8 中，显然 G_3 相对于 G_2 而言有着更多的子结构模式，特别是规模为 3 的子结构。当考虑子图模式时，有 $\tau_3(G_2)=(1,1,2,1,1)$；$\tau_3(G_3)=(1,1,2,3,1)$，当考虑子图出现时，有 $\tau_3(G_2)=(4,4,6,4,1)$，$\tau_3(G_3)=(4,4,6,4,1)$。

在一些应用中，不连通的子结构常常被视作平凡的，因而在有意义的计算中，常常被排除在外。因此，在这些应用中，考虑连通性约束是必要的。在上面的例子中，如果考虑连通性约束，那些在图中用虚线标识出来的子图将不予考虑。这样一来，当 τ 是模式映射时，$\vec{V}(G_2)=(1,1,1,1,1)$，而 $\vec{V}(G_3)=(1,1,1,3,1)$；当 τ 是子图出现映射时，$\vec{V}(G_2)=(4,4,4,4,1)$，而 $\vec{V}(G_3)=(4,4,5,4,1)$。

4.2.3 基于 SAV 的图距离度量

所有的基于结构的图距离度量都可以表达为

$$d(G_1,G_2)=1-\frac{m(G_{12})}{M(G_1,G_2)}$$

其中，$m(G_{12})$ 表示两图的相似程度，也就是最大公共子图的规模；$M(G_1,G_2)$ 表示问题的规模。

基于上述概念，可以给出基于子结构丰富性向量的图距离度量的一般形式，如定义 4.4 所示。在定义中，利用子结构映射 τ 获取图的特定子结构的数量，如规

---

① 需要注意的是给定定理 6.1 中的结论，在逻辑上本结论成立的另一个必要条件是，对于图 G 中与 X 同构的任意子图 Y，都有 $Y \in G(V')^{\mathrm{Aut}(G)}$，而这一条件的成立是显然的。

模为 k 的子结构数量，并以某类特定子结构的数量作为图规模的度量。

定义 4.4　给定两个非空图 G_1 和 G_2，令 G_{12} 为 G_1 和 G_2 之间的最大公共子图，那么图 G_1 和 G_2 之间的距离定义如下：

$$d_i(G_1, G_2) = 1 - \frac{|\tau(G_{12})|}{M(|\tau(G_1)|, |\tau(G_2)|)}$$

其中，子结构映射 τ_i 获取图中满足特定约束的子结构，$M(|\tau(G_1)|, |\tau(G_2)|)$ 定义有以下几种选择。

(1) $\max(|\tau(G_1)|, |\tau(G_2)|)$。

(2) $\min(|\tau(G_1)|, |\tau(G_2)|)$。

(3) $|\tau(G_1)| + |\tau(G_2)| - |\tau(G_{12})|$。

这样，可以根据实际需要定义相应的子结构映射，以提高图距离度量的精度。如果选择规模为 i 的子结构，那么图距离度量就变成了定义 4.5。

定义 4.5　给定两个非空图 G_1 和 G_2，令 G_{12} 为 G_1 和 G_2 之间的最大公共子图，那么图 G_1 和 G_2 之间的距离定义如下：

$$d_i(G_1, G_2) = 1 - \frac{|\tau_i(G_{12})|}{M(|\tau_i(G_1)|, |\tau_i(G_2)|)}$$

其中，τ_i 是获取图中规模为 i 的子图模式的映射(或子图出现映射)，$M(|\tau_i(G_1)|, |\tau_i(G_2)|)$ 定义为定义 4.4 三种情形之一。

例 4.5　针对图 4.8，令 τ_3 为模式映射，令 $M(|\tau_3(G_1)|, |\tau_3(G_2)|) = \max(|\tau_3(G_1)|, |\tau_3(G_2)|)$，那么 $d_3(G_1, G_2) = 1 - \dfrac{\tau_3(G_{12})}{\max(|\tau_3(G_1)|, |\tau_3(G_2)|)} = 1 - \dfrac{1}{\max(4,1)} = 3/4$。类似地，$d_3(G_1, G_3) = 1 - \dfrac{\tau_3(G_{13})}{\max(|\tau_3(G_1)|, |\tau_3(G_3)|)} = 1 - \dfrac{3}{\max(4,3)} = 1/4$ 以及 $d_3(G_2, G_3) = 1 - \dfrac{\tau_3(G_{23})}{\max(|\tau_3(G_2)|, |\tau_3(G_3)|)} = 1 - \dfrac{3}{\max(1,3)} = 2/3$。如果令 τ_3 为子图出现映射，那么 $d_3(G_1, G_2) = d_3(G_1, G_3) = 1 - \dfrac{C_4^3}{\max(C_6^3, C_4^3)} = 1 - \dfrac{4}{\max(20,4)} = 4/5$；相似地，$d_3(G_2, G_3) = 1 - \dfrac{C_3^3}{\max(C_4^3, C_4^3)} = 1 - \dfrac{1}{\max(4,4)} = 3/4$。

在很多真实应用中，人们期望图距离度量能够满足一定的性质。例如，人们可能希望从图 G_1 到图 G_2 的距离与从 G_1 到 G_2 的距离是相同的。一般来讲，人们期望图距离度量满足一个测度(metric)的基本性质。定义 4.6 给出了测度的基本性质。

定义 4.6　(图距离测度(graph distance metric))　令 $\boldsymbol{G}$ 为一个图的集合，函数 $d: \boldsymbol{G} \times \boldsymbol{G} \to \boldsymbol{R}$ 被称为一个图距离测度，如果对于任意 $G_1, G_2, G_3 \in \boldsymbol{G}$，下面的性质

成立：

(1) $d(G_1, G_2) \geqslant 0$，非负性(non-negativity)；

(2) $d(G_1, G_2) = 0 \Leftrightarrow G_1 \cong G_2$，唯一性(uniqueness)；

(3) $d(G_1, G_2) = d(G_2, G_1)$，对称性(symmetry)；

(4) $d(G_1, G_2) + d(G_2, G_3) \geqslant d(G_1, G_3)$，三角不等式(triangle inequality)。

其中，$G_1 \cong G_2$ 表示图 G_1 和 G_2 同构。有序对 $(\boldsymbol{G}, d)$ 被称为一个测度空间(metric space)。

但是上述图测度的条件在一些应用场景中过于严格。注意到唯一性等价于正定性(positiveness)和自反性(reflexivity)。其中，$d(G_1, G_2) = 0 \Rightarrow G_1 \cong G_2$ 称作正定性，因为这一条件等价于：对于任意 $G_1, G_2 \in \boldsymbol{G}$，如果 G_1 和 G_2 不同构，那么就有 $d(G_1, G_2) > 0$。$G_1 \cong G_2 \Rightarrow d(G_1, G_2) = 0$ 称作自反性。如果图距离度量 d 不满足正定性，d 被称为伪测度(pseudo-metric)，且 $(\boldsymbol{G}, d)$ 被称作一个伪测度空间(pseudo-metric space)。显然，伪测度空间可以视作测度空间的一种泛化。对于一个伪测度 d，我们允许其在 $d(G_1, G_2) = 0$ 时图 G_1 和 G_2 不同构。严格来讲，仅当图同构关系被视作图之间的相等关系时，图距离度量的唯一性才成立。但是，显然这一条件在很多真实应用中是成立的[114]。由于正定性限制过强，许多应用中的图距离度量都是伪测度。给定测度定义后可以证明如下定理。

定理 4.2　定义 4.5 中，当 τ_i 定义为子图出现映射时，相应的图距离是一个测度；当 τ_i 定义为子图模式映射时，相应的图距离是一个伪测度。

现有的基于结构的图距离度量仅仅使用了图中顶点和/或边的数量信息，因而可以认为仅使用了定义为子图出现映射的 τ_0 和 τ_1 的信息。因此，现有的基于结构的图距离度量可以视作定义 4.5 中定义的图距离度量的一个特例。所以，定义 4.5 实质是现有基于结构的图距离度量的泛化，描述了一个统一的基于结构的图距离度量框架。在这一统一框架下，可以根据问题的精度需求，灵活选择 τ 映射。显然使用越丰富的子结构映射，图距离度量对图之间的结构差异的捕获就越灵敏。

4.2.4　基于子结构丰富性的图距离度量的变种

对于任意图 G，$\tau_i(G)$ 仅捕获有 i 条边的子结构。事实上，为了使图距离度量更合理，可以定义 $\tau_i(G)$ 捕捉规模在一定区间范围内的子结构。严格来讲，令 $U = \{0, 1, \cdots, m\}$($m = |E(G)|$)，令 $I \subseteq U$，并且定义 $\tau_I(G) = \bigcup_{i \in I} \tau_i(G)$，这里每个 $\tau_i(G)$ 为一个子结构出现映射或者子结构模式映射。这样一来就可以给出基于 τ_I 的图距离的严格定义(见定义 4.7)。进一步，可以针对不同规模的子结构赋予不同的权重，这样可以得到定义 4.8 所示的图距离度量。显然这一图距离度量的一个特例是令 $\alpha_i = 1/|I|$，这时的图距离度量实质上是在各个规模的子结构度量下的均

值。可以证明定义 4.7 和定义 4.8 所描述的图距离度量，在相应的子结构映射为子图出现映射时为测度，子结构映射为子图模式映射时为伪测度。

定义 4.7　给定子结构映射 τ_I (模式映射或者出现映射)，两个非空图 G_1 和 G_2 之间的距离定义为

$$d_I(G_1,G_2) = 1 - \frac{|\tau_I(G_{12})|}{M(|\tau_I(G_1)|,|\tau_I(G_2)|)}$$

其中，$M(|\tau_I(G_1)|,|\tau_I(G_2)|)$ 定义为定义 4.4 三种情形之一。

定义 4.8　令 I 为一个整数集合，两个非空图 G_1 和 G_2 之间的距离定义为

$$d(G_1,G_2) = \sum_{i\in I} \alpha_i d_i(G_1,G_2)$$

其中，$\alpha_i \geqslant 0$ 并且 $\sum_{i\in I}\alpha_i = 1$ 且 $d_i(G_1,G_2)$ 是定义 4.4 中的图距离度量。

在将上述图距离度量应用到实际问题时，必须考虑子结构计算的复杂性。由于网络中可能的子结构的数量是与网络规模呈指数关系的。所以，盲目枚举所有子结构是不现实的。而事实上，在一些真实应用中也不需要枚举如此规模的子结构。本书给出的图距离度量可以允许使用者灵活定义子结构映射，因此，在定义 τ_i 时可以考虑度量精度与计算复杂性之间的折中。一种可行的思路是对 $\tau_i(G)$ 中的子结构进一步施加约束。考虑到路径计算的简单性，可以定义子结构映射集合 $\boldsymbol{P} = \{P_i \mid 0 \leqslant i \leqslant |E(G)|\}$，其中每个 P_i 获取图中长度为 i 的不同构的路径或者不相同的路径数量。给定 $\boldsymbol{P}$，可以类似地定义形如定义 4.7 和定义 4.8 的图距离度量。同样，可以证明当 P_i 为子图出现映射时，相应的图距离度量为测度，当 P_i 为子图模式映射时，相应的图距离度量为伪测度。

4.2.5　在人群结构分析中的应用

本节将把前面定义的图距离度量应用到人群结构分析中，以此为例说明基于子结构丰富性的图距离度量在精度方面的优势。

本节为三个不同的人群，分别是 AFA(African American population)、HAN(Chinese Han population)，和 CAU(European Caucasian population)利用 SNPs[123]信息构造了相应的贝叶斯标记网络。具体的构造过程以及该网络的具体含义见文献 [124]。构造出的 HAN 人群的网络如图 4.9 所示。其他两个人群的网络与之相似。在后面的讨论中将直接用 AFA、HAN 和 CAU 表示三个人群相应的贝叶斯标记网络。三个网络 AFA、HAN 和 CAU 顶点数分别为 30、46 和 40；边数分别为 89、90 和 116；网络的平均度数分别为 2.97、3.00 和 3.87。

为了度量三个人群网络之间的距离，我们枚举了网络中的所有简单路径。三个网络的路径长度分布如图 4.10(a)所示。从图 4.10(a)中可以看出，AFA 中的路径

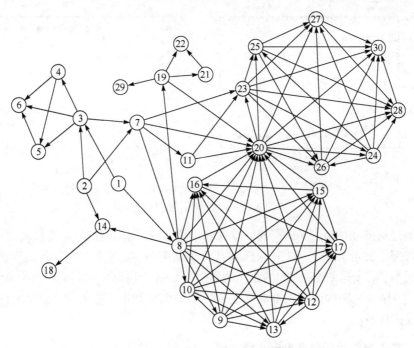

图 4.9　HAN 的贝叶斯标记网络

数最少，而 HAN 中有着大量的较长路径，并且很明显可以看出不同网络的结构差异在中等规模的子结构上体现得较为明显，因此选择中等规模的子结构映射预期取得较高的度量精度。图 4.10(b)显示了三对网络的最大公共子图中的路径长度分布。图 4.10(c)显示了三个网络之间的相对相似性，定义为最大公共子图中的路径数目与问题规模的比率，在这里使用$|P_i(G_1)| + |P_i(G_2)| - |P_i(G_{12})|$作为问题规模的度量。图 4.10(d)针对不同的$P_i$，给出了相应三个网络对之间的图距离。注意到，无论在图 4.10(c)还是图 4.10(d)中，当i比较大或者比较小时，三个网络之间的结构差异很难被识别出。

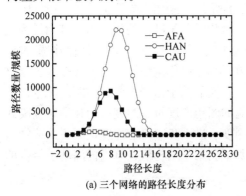

(a) 三个网络的路径长度分布

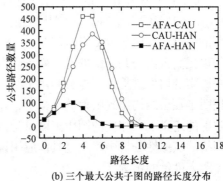

(b) 三个最大公共子图的路径长度分布

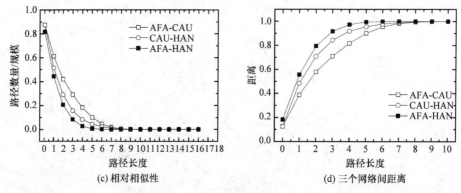

(c) 相对相似性　　　　　　　　　(d) 三个网络间距离

图 4.10　　人群结构网络分析

通过对图 4.10(d)的观察，我们发现在 $i = 2,3$ 时，图距离度量精度较高。最终，我们按照定义 4.7 令 $I = \{2,3\}$，选择 P_I 为子结构映射定义相应的图距离度量。最终结果为：AFA 与 CAU 之间的距离为 0.674，CAU 与 HAN 之间的距离为 0.811，AFA 与 HAN 之间的距离为 0.884。更多的实验结果和进一步生物学意义上的讨论参见文献[124]。

4.2.6　基于对称的图距离度量小结

已经有大量的工作致力于研究基于结构的图距离度量。Bunke 和 Shearer[114]最早提出了基于最大公共子图的图距离度量，并证明了相应的度量为测度，在他们的开创性工作中，使用了 $\max(|G_1|, |G_2|)$ 作为问题规模的度量，而忽视了两图中规模较小的图对于度量值的影响。Wallis 等[117]针对这一问题，提出了基于图并的图距离度量，也就是使用 $|G_1| + |G_2| - |G_{12}|$ 作为问题规模的度量。Bunke[121]进一步揭示了基于最大公共子图的图距离度量与图编辑距离之间的关系。Fernandez 和 Valiente[115]利用最大公共父图与最大公共子图之差作为图距离度量。Hidovic 和 Pelillo[116]在前面基于结构的图距离度量的基础上提出了带属性图的距离度量。Raymond 和 Willett[111]的工作系统地综述了所有上述图距离度量(除了文献[116])。Raymond 等的一系列工作[109-112]侧重于度量化学分子结构的相似性，其中最为重要的贡献是程序包 RASCAL[109]。程序包中使用了大量的高效的相似性筛选策略，用以提高最大公共子图的计算效率。本节受到非对称网络子结构模式较为丰富这一事实的启发，提出了充分利用子结构丰富性的基于结构的各种图距离度量，并证明了在子结构出现映射的定义下，相应的图距离度量是测度；而在子结构模式映射的定义下，相应的图距离度量是伪测度。进一步，将上述度量用于人群结构网络的相似性分析中，通过具体应用说明了利用子结构信息可以提高基于结构的图距离度量的精确性。

4.3　本 章 小 结

在本章中，主要提出了两种基于对称理论的网络度量：①基于对称的网络结构熵；②基于对称的图距离度量。大量实证分析表明，基于自映射分区的网络结构熵能够较为精准地刻画真实网络中的结构异构性。同时，真实网络的对称性与异构性存在较强的反相关关系。在现有的基于图距离度量下，存在精度不高的问题。本章提出的基于对称子结构的图距离度量能够精准捕捉网络之间的细微的结构差别。这一度量在真实数据中的应用表面从而取得较高的度量精度。因此，一定程度上图对称起到了放大镜的作用。放大镜使得我们可以更为精准地观察物体，而图对称使得我们可以更为精细地测度图数据。图对称在这一意义下具有普适性，可以成为几乎一切图数据研究的基础工具。

第5章 基于对称的网络结构约简

蕴含于许多大型真实网络中的一个典型特征是它们内在的复杂性。然而，许多真实网络同时也包含大量的结构冗余。鉴于此，一个直接的问题是：我们能否在消除网络结构冗余的同时刻画必要的网络复杂性？

本章将利用网络固有的对称性来消除网络中所有的冗余信息，从而得到一个粒度较粗的网络，用以表达原图的基本结构信息。在代数组合学中，这种粗粒度的网络被称为网络商。本章系统地探讨网络商的理论性质，并针对一系列真实网络，统计原网络及其网络商的很多关键指标。我们发现在规模上网络商明显小于原图，但是网络商仍然能保持原图的各种关键功能属性，如复杂性（异构性和中心点）和连通性（网络直径和平均最短距离）。这些事实表明网络商构成了原图基本的结构骨架。

基于上述研究，针对社会网络隐私保护问题，本章提出网络商的一个改进版本——B-骨架。利用B-骨架成功地保持了 k-对称匿名模型的可用性。最后，本章对网络商在生物调控网络分析中的应用及其在网络算法中减少计算复杂度的应用进行了讨论。

5.1 概　　述

目前在复杂网络领域已经有大量文献致力于解释一般网络的组织原则以及探索一般网络的结构性质，所有这些网络一般性质的探索都可以视作理解网络复杂性(complexity)[125]的一种尝试。

为了从这种复杂性中找到简单性，一些研究人员尝试抽取网络的骨架(skeletons)：一个能保持原网络所刻画的真实系统的某种结构特性，但是在很多度量下更为简单的网络。现有的网络骨架包括(仅列举部分)：分形骨架(fractal skeleton)[44]，能够保持原网络的分形尺度；通信骨架(communication skeleton)[126]，能够保持原网络大多数的通信流量；模块骨架(modularity skeleton)[127]，能够保持网络的模块性指标但显著地降低网络的规模。这些骨架的研究侧重于保持网络的某个方面的特性，如分形、通信以及模块性，因此在较严格意义上，这些骨架还不能完全表达网络的结构骨架。本章提出了一种新的网络骨架，可以保持原网络所有的必要的结构信息，但是规模又可能显著地小于原网络。我们充分利用了蕴含于网络结构中的对称性来提取这种新的骨架。

虽然几乎所有的大的随机网络都是非对称的[128]，但很多真实网络却被证实是对称的[33,34,68,99]。这种网络中的对称性主要来源于真实网络中的树型或者二分子结构[34,99]，并且可以由基于择优链接的网络增长模型[34]以及相似链接模式的网络模型[99]模拟产生。然而，虽然关于图对称的抽象理论已经很丰富[49-51,97]，但复杂的真实网络的对称结构仍未得到充分的研究。

直观来讲，网络是对称的当且仅当该网络中的两个或多个顶点在某些置换下仍然能保持其间的邻接关系。因此，在理论上，对称网络必然包含一定程度的结构冗余，也就是说网络中必定存在某些顶点在网络结构上扮演着相同的角色。因此，网络对称性与网络结构冗余有着较强的联系。这种关系启发我们通过剥离网络中由对称性所刻画的结构冗余，有可能在约简网络规模的同时保持必要的网络结构性质。

本章结构如下：首先将介绍利用网络对称性信息进行网络约简的一个核心概念——网络商。进一步，提出网络商的一个简化变体，称为 s-商。然后通过实证，论述网络商在规模上可以显著小于其父网络，但是父网络的很多重要性质在网络商中都得以很好的保持。具体而言，本章研究了网络商及其父网络在网络异构性、节点度分布以及网络的通信性质方面的关系。

5.2　基　本　概　念

5.2.1　网络商

令 $\Delta = \{\Delta_1, \Delta_2, \cdots, \Delta_s\}$ 为网络 G 的自映射分区。这个分区的一个重要性质是等价性(equitable)[97]：任一顶点 $v \in \Delta_i$ 在 Δ_j 中的邻居的数量为常量 $q_{ij}(i, j = 1, 2, \cdots, s)$，这一常量的值仅依赖于 i 和 j 而与顶点 $v \in \Delta_i$ 的选择无关。在自映射群 Aut(G) 作用下，G 的商(quotient) Q 严格意义上定义为一个有权有向图，其顶点集为 Δ，其伴随的邻接矩阵为 q_{ij}。我们称 G 为 Q 的父亲(parent)。需要注意的是，q_{ij} 不一定等于 q_{ji}，因此 Δ_i 和 Δ_j 之间可能存在两条不同方向的弧。此外，Δ_i 内的顶点之间也可能有边，因此 q_{ji} 可能是一个非 0 的值，商 Q 中可能存在自环。通过 Nauty 算法[61]，可以很容易地计算某个网络相应的商。

在计算网络商的过程中，我们将原网络中结构等价的顶点视作一个整体，这种做法可以帮助我们消除网络中的所有结构冗余，同时保证网络商不会丢失原网络的任何结构信息。这一事实的重要意义在于，网络商提供一种提取网络骨架的方法，这种方法可以使我们在保持网络重要性质的前提下，尽可能地约简网络。

网络商与其原网络之间的唯一差异在于原网络中的结构特征在网络商中都是独特的，没有任何冗余。因此，虽然网络商与原网络在结构上有着很多相似性，但是我们必须意识到最为精简的刻画网络复杂性的是网络商的结构而非原网络的结构。也正因此，网络商被人们视作其父网络的骨架。

代数图论领域[49-51, 97]已经向我们揭示了网络商的很多性质。例如，商的特征值是其原网络特征值的子集[97]。然而，代数图论领域对于网络商性质的探索多侧重其数学性质，所研究的图多是规则图。对于真实网络的商的性质的研究，也就是本章的主要内容，还未进行充分展开。

5.2.2　s-商

5.2.1 节已经论述，网络商在严格意义上是多边有向图，并且边上还定义了相应的权重。即使原网络是简单图，也就是无权无环无向图，其网络商也是多边有向图。显然这种严格的网络商改变了网络的类型，在一些真实应用中是不合适的。为此需要进一步简化严格的网络商，提高其适用性。

当所研究的网络是多边有向图时，研究其相应的基础图(underlying graph)通常显得更为便捷。一个网络的基础图，是去除了权重和方向以及自环的简单图。这样的基础图仍然保持了整个网络的邻接关系(无向的邻接关系)，因此仍然能够保持很多原网络的重要性质。因此，我们利用网络商的基础图来简化网络商，称为s-商(s-quotient)，并记作 Q_s。在 Q_s 中边的方向、边的权重、自环都被移除。显然，如果原网络是简单图，s-商不改变原网络的类型。s-商的另一个优势在于它不仅能够保持原网络的邻接关系，并且由于其邻接矩阵还是个对称的 0-1 矩阵，基于 s-商的计算可以取得较高的效率。

图 5.1 和图 5.2 中展示了一个理想网络和真实网络以及它们各自的商网络。在所有的网络中，我们把相同轨道中的点标注为相同的颜色。图 5.1(a)是一个假

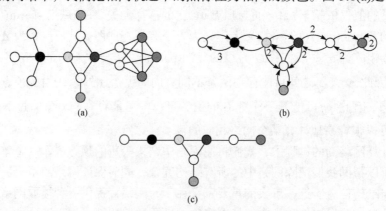

图 5.1　一个理想网络及其相应的网络商(见文后彩图)

想的简单网络；图 5.1(b)和图 5.1(c)分别是其网络商和 s-商。图 5.1(b)中权重为 1 的边，其权重值被省略了。图 5.2(a)是一个真实的社会网络，表达的是理论计算机科学领域的博士导师及其学生之间的指导关系网络[129]。这个网络中的每条边连接一个学生和他的导师。同一个轨道中的点有着相同的颜色。图 5.2(b)是这个真实网络的 s-商。图中的顶点的着色与相应的原图中的轨道的顶点着色相同。原图有 1025 个顶点，而 s-商仅保留了 511 个顶点，顶点的约简比例为 50.15%；类似地，原图中的 1043 条边被约简为 s-商中的 525 条边，边的约简比例为 49.67%。真实网络的可视化使用了软件 Pajek[73]。

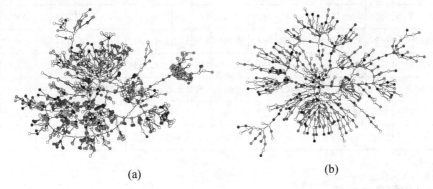

(a)   (b)

图 5.2　真实网络及其相应的网络商(见文后彩图)

5.3　网络商的性质

本节将统计刻画真实网络及其相应的网络商的关键指标，并据此研究网络商和原网络之间的关系。

在表 5.1 中，我们统计的网络指标包括原网络的顶点数 N、边数 M、平均度数 Z、同类相吸系数 r [28]、平均最短距离 m、网络直径 D 以及聚集系数 C [16]。下标 s 表示 s-商的统计数据。我们计算了 N_s 与 N 的比率；M_s 与 M 的比率；$M - M_s$ 与 $N - N_s$ 的比率(记作 z)。对于所有网络，仅考虑其最大连通分量的基础图。表中测试的真实网络包括生物网络(PPI、Yeast 和 Homo)、信息网络(California 和 Epa)、社会网络(DutchElite、Erdos02、Eva、Geom 和 P- fei1738)以及技术网络(InternetAS)。除了 PPI，InternetAS 和 Homo 所有的网络数据均可以从 http://vlado.fmf.uni-lj.si/pub/networks/data 下载。本书已经在第 2 章详细介绍了其中部分网络，其他的网络介绍请参照有关参考文献。

表 5.1　　各种真实网络以及相应的 s-商的统计数据

真实网络	N	N_s	N_s/N	M	M_s	M_s/M	z	Z	Z_s	r	r_s	m	m_s	D	D_s	C	C_s
PPI[130]	1458	1019	69.89%	1948	1469	75.41%	1.09	2.67	2.88	−0.21	−0.05	6.80	6.68	19	19	0.07	0.07
Yeast[131]	2224	1843	82.87%	6609	6133	92.80%	1.25	5.94	6.66	−0.11	−0.04	4.37	4.21	11	11	0.14	0.14
Homo[71]	7020	6066	86.41%	19811	18575	93.76%	1.30	5.64	6.12	−0.06	−0.01	4.86	4.77	14	14	0.10	0.11
California[132]	5925	4009	67.66%	15770	12882	81.69%	1.51	5.32	6.43	−0.23	−0.18	5.02	4.66	13	13	0.08	0.09
Epa[133]	4253	2212	52.01%	8897	6545	73.56%	1.15	4.18	5.92	−0.30	−0.16	4.50	4.11	10	10	0.07	0.10
DutchElite[134]	3621	1907	52.67%	4310	2576	59.77%	1.01	2.38	2.70	−0.24	−0.04	8.56	7.71	22	22	0.00	0.00
Erdos02[103]	6927	2365	34.14%	11850	7034	59.36%	1.06	3.42	5.95	−0.12	−0.08	3.78	3.41	4	4	0.12	0.29
Eva[135]	4475	898	20.07%	4652	1056	22.70%	1.01	2.08	2.35	−0.19	0.00	7.53	7.43	18	18	0.01	0.05
Geom[136]	3621	2803	77.41%	9461	7346	77.65%	2.59	5.23	5.24	0.17	0.19	5.31	5.15	14	14	0.54	0.43
P-fei1738[137]	1738	1176	67.66%	1876	1312	69.94%	1.00	2.16	2.23	−0.27	0.07	10.22	10.39	29	29	0.00	0.00
InternetAS[70]	22442	11392	50.76%	45550	29564	64.90%	1.45	4.06	5.19	−0.20	−0.19	3.86	3.86	10	10	0.22	0.20

5.3.1　网络商的规模

既然网络商与 s-商是通过消除网络中的结构冗余信息而得到的，那么它们在规模上有可能显著地小于原网络。如表 5.1 所示，其中的很多真实网络，其相应的 s-商在规模上不到原网络的 50%。这说明很多真实网络的结构中蕴含着大量的结构冗余信息。

为了研究 s-商的相对规模，我们考察了各种常见网络对称性度量与 s-商的约简比例之间的相关关系(s-商与其父网络之间的规模之比，称为 s-商的约简比率)。本章仍然使用网络的自映射规模 $\alpha_G = |\mathrm{Aut}(G)|$ 来直接度量网络的对称性。仍然使用 β_G 和 γ_G 度量(参见 2.3 节)不同规模的网络的相对对称性程度。本章中网络的规模定义为 $|G| = N + M$，N 和 M 分别是网络的顶点数和边数。因此，网络商的约简比率定义为 $r_G = |Q_s|/|G|$。

图 5.3 展示了 11 个有代表性的真实网络的相对对称性度量与网络商的约简比例之间的相关关系(表 5.1 给出了图中的相关具体数据)。图中，r_G 与 β_G 之间的相关系数为−0.7567，r_G 与 γ_G 之间的相关系数为−0.9767。这些事实表明，对于很多真实网络，网络的对称性程度与 s-商的相对规模之间有着较强的反相关关系。

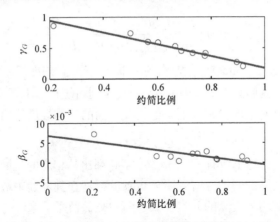

图 5.3　网络对称性与 s-商的规模之间的反相关关系

5.3.2　异构性

　　网络异构性，也就是网络中不同的节点扮演不同角色或拥有不同的属性的程度，决定了网络的很多重要的动力学性质，如网络的健壮性(robustness)[85]以及网络同步性(synchronization)[94]。在一个完全异构的网络中，所有的顶点都拥有独特的结构角色，因此整个网络的自映射群是平凡的(仅包含单位映射的自映射群)，而在一个完全同构的网络中，所有的顶点都拥有相同的结构角色，也就是整个网络的自映射群是可传递的[99]。在网络商中，所有结构等价的元素将被移除，而结构上独特的元素得以完全保留。因此，网络商一般而言是完全异构的，也就是网络商中的所有顶点都有着不同的结构角色(如图 5.1(b)中的网络商)。然而需要注意的是，在某些例子中，我们也可以得到并非完全结构异构的网络商，但是这些仅是特例，而非一般情形。但是，如果我们考察的对象是 s-商，考虑到边权、方向和自环都从 s-商中移除了，就相对容易在 s-商中发现一些有着相同结构角色的顶点。例如，图 5.1(c)中的 s-商，其中红颜色的顶点和白色的顶点就是结构等价的；黄色和黑色的顶点也是如此；绿色和紫色的顶点也是等价的。因此，s-商未必是完全结构异构的，但是我们仍期望它会比其父网络明显地更加异构。

　　为了度量网络异构性，我们使用了两个不同的度量：基于度的熵[91] $H_d(G)$ 和基于对称的熵[68] $H_s(G)$，这些度量在第 4 章已有详细介绍，这里只给出简单的回顾。这两个度量有着相同的代数形式：

$$H_{d,s}(G) = -\sum_i p_i \log p_i$$

　　此处在计算 $H_d(G)$ 时，p_i 是一个顶点拥有度 i 的概率，当计算 $H_s(G)$ 时，p_i 是 $v \in \varDelta_i$ 的概率。为了进一步比较不同规模的网络的异构性，需要规范化上述度量：

$$\overline{H}_{d,s}(G) = \frac{H_{d,s}(G) - \min(H_{d,s}, N)}{\max(H_{d,s}, N) - \min(H_{d,s}, N)}$$

其中，$\max(H_{d,s}, N)$ 和 $\min(H_{d,s}, N)$ 分别是拥有 N 个点的网络中最小和最大的熵值。在图 5.4 中，我们为表 5.1 中的 11 个真实网络统计了上述两种熵值。图 5.4 的横坐标表示的是网络的异构性度量值与其 s-商的异构性度量值的比率，定义为

$$\overline{H}_{d,s}(Q_s) / \overline{H}_{d,s}(G) - 1$$

正如前面所预期的，对于所有 11 个网络，s-商都比其相应的父网络明显地更加异构，这说明对于网络的同构性有着明显贡献的元素在其 s-商中被消除了，而对于网络的异构性有着明显贡献的元素在其 s-商中被保留了下来。

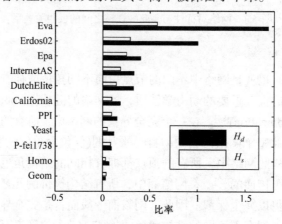

图 5.4　真实网络和其相应的 s-商的异构性

5.3.3　度分布

显然，网络商的度分布与其父网络的度分布有着紧密的联系。回忆一下轨道中的所有顶点都有着相同的度[50]。这样一来，有等式：

$$n_{\text{out}}(k, Q) = O_k$$

成立，其中 O_k 是图 G 中顶点度为 k 的轨道的数量，$n_{\text{out}}(k, Q)$ 是 Q 中出度为 k 的顶点的数量。上面的等式说明，Q 中每个出度为 k 的顶点对应 G 中顶点度为 k 的一个轨道。例如，在图 5.1(b) 中，出度为 4 的顶点包括绿色顶点和红色顶点，分别对应图 5.1(a) 中的绿色和红色轨道。因此，直观上，我们可以为 G 的每个轨道选择一个代表性顶点，统计这些顶点的度分布，所得即是相应的网络商中顶点的出度分布。这样一来，网络商的出度分布实质上代表了其父网络中的必要(essential)的顶点的度分布。显然，这个分布既依赖于父网络的度分布，也依赖于父网络的对称结构。

　　Hub 节点，也就是网络中那些度大的点，决定着整个网络的拓扑结构，因而成为决定网络重要性质，如健壮性[85]和沿着最短路径的网络流量[138]的至关重要的因素。因此，一种好的网络约简方法，在其约简网络时应该尽可能保留原网络中的 Hub 节点。对于网络商我们也有着这样的期望。从理论上来分析，由于 Hub 节点通常连接着网络的不同区域，相对于其他节点而言，Hub 节点一般来讲更不容易被自映射变换，因而更容易在网络商中得以保持。

　　存在于真实网络中的绝大多数对称性可以归根于二分子图的存在[34,99]，其中很大一部分是星型结构[33,34](一个 k-星是网络的一个子图，由一个度为 k 的中心顶点以及 k 个与中心顶点相邻接的度为 1 的顶点构成)。在 k-星中，k 个度为 1 的顶点之间是结构等价的，因而在网络商中会被约简成一个顶点。因此，每个 k-星的存在会使得网络商在规模上减少 $k-1$。图 5.1(b)展示了一个 3-星(图的左方白色顶点构成的子图)，该子图在相应的网络商和 s-商中被约简成了一个顶点。在那些有着相当多数量的二分子图或者星形子图的网络中，s-商很大程度上是通过从父网络中约简度小的顶点，保留 Hub 节点而得到的。

　　为了评价真实网络中 Hub 节点在相应的网络商中被保留的程度，以及相应的网络商中度小的顶点被移除的程度，针对若干真实网络，我们统计了相应的 s-商中被移除的顶点在原网络中的度的分布。为此，使用了两个不同的度量。

　　(1) P_k，定义为 s-商中被移除的度为 k 的顶点的数量 $(N_k - O_k)$ 与父网络所有顶点数量 (N_k) 的百分比：

$$P_k = \frac{N_k - O_k}{N_k} \times 100\%$$

其中，N_k 是度为 k 的顶点的数量；O_k 是顶点度为 k 的轨道的数量。

　　(2) R_k，定义为在 s-商中被移除的度为 k 的顶点的数量与网络所有被移除的顶点数量 $(N-|\varDelta|)$ 的百分比：

$$R_k = \frac{N_k - O_k}{N-|\varDelta|} \times 100\%$$

　　图 5.5 显示了 6 个真实网络的上述两个比例的分布，其中符号○代表 P_k；符号□表示 R_k。从图中可以看出，一般而言，对于真实网络，仅有度小的顶点在其 s-商中会被移除(具体而言，在所有测试的网络中，被移除的顶点的最大度为 29)，而网络中度大的顶点倾向于被自映射固定，从而保留在相应的 s-商中。

　　利用节点度信息，还可以进一步加深对于网络商中移除的顶点的认识。令 $d(v)$ 为顶点 v 的度数，考虑网络的全部可能的度集合 $\text{Deg} = \{d(v)|v \in G\}$；以及非平凡的轨道中的顶点度的集合 $\text{Deg}' = \{d(v)|v \in \varDelta, |\varDelta|>1\}$(也就是那些属于非平凡

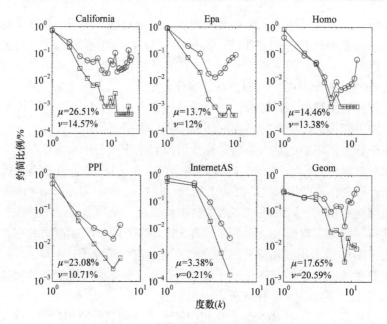

图 5.5 s-商中移除的顶点的度分布

轨道中的节点的度的集合)。显然，$\mathrm{Deg}' \subseteq \mathrm{Deg}$ 成立。基于这两个集合，我们给出下面的度量：

$$\mu = \frac{|\mathrm{Deg}'|}{|\mathrm{Deg}|} \times 100\%$$

也就是被移除的顶点的度集合的大小占整个网络的度集合规模的百分比，以及

$$\nu = \frac{\max(\mathrm{Deg}')}{\max(\mathrm{Deg})} \times 100\%$$

也就是被移除顶点的最大度占父网络中的最大顶点度的百分比。图 5.5 展示了 6 个真实网络在上述度量下的取值情况。从图 5.5 可知，s-商中移除的节点度仅占整个网络的节点度集合的一小部分(在所有测试的网络中，μ 的最大值只有 26.51%)；s-商中仅仅那些度相对小的节点才会被移除(在所有测试的网络中，ν 的最大值是 20.59%)。表 5.1 中的数据进一步证实了上述结论，表中的数据还说明 s-商的平均度数普遍大于相应的原网络，这一事实说明真实网络中度小的顶点比 Hub 节点更可能属于一个非平凡的轨道。也正因此，在 s-商中，原网络中度小的点容易被移除，而 Hub 节点更容易被保留。

5.3.4 通信性质

  许多真实网络是小世界网络，这意味着在这些网络中，任意两个顶点之间都

存在一个相对较短的路径[38]。一对顶点之间的最短路径长度又称为测地距离
(geodesic distance)，网络中最长的最短路径的长度称为网络的直径，记作 $D(G)$。
网络的最短路径长度分布以及网络的直径对于网络的一些重要性质，如信息传递[126]
抗攻击性[85]，有着重要的影响。

　　表 5.1 罗列了一些真实网络及其相应的 s-商的直径数据。对于所有被测试的
网络，其 s-商完全保持了原网络的直径。例如，在 Eva 网络(一个电信以及媒体行
业的企业所有权关系网络[135])中，s-商的顶点数和边数分别是原网络的 20%和
22.7%，然而网络直径却在 s-商中得以完全保持。在 Eva 网络这个例子中，s-商虽
然在规模上明显小于其原网络，但是网络的主要通信性质之一——网络直径却被
完全保留下来。事实上，这一经验观察所得到的结论适用于所有的局部对称(locally-
symmetric)的网络。

　　直观来看，网络是全局对称(globally-symmetric)的，如果网络最长的最短路径
存在于网络属于同一轨道的顶点对之间，也就是网络中存在能够置换较远的顶点
对的自映射，否则称这个网络为局部对称的①，也就是说所有的自映射仅作用于局
部的顶点子集。既然许多真实网络结构很容易受到外界的随机波动的影响，真实
网络几乎不可能是全局对称的，在实际分析中，也未发现全局对称的网络。

　　s-商描述了其父网络的轨道邻接性。因此，只要父网络不是全局对称的，网络
直径就可以精确地保留在 s-商中。作为一个例子，我们可以观察图 5.1(a)所示的
网络。在此网络中，网络最长最短路径存在于某个红色顶点(图的右部)和某个白
色顶点之间(图的左部)，这个网络的直径为 5。图 5.1(c)展示了该网络的 s-商的直
径也是 5。在这一例子中，由于父网络的轨道邻接信息在 s-商中保留了下来，s-商
中网络直径也得以精确保留。

　　网络直径与网络的最大信息流有着密切关系，而网络的平均最短路径则与网
络的平均传输代价有着密切联系。实证计算表明，通常原网络与其 s-商之间的平
均最短路径的长度的差异也是十分小的。在图 5.6 中，我们计算并绘制了 $\left(\dfrac{m_s}{m}\right)-1$
曲线图，这里 m_s 和 m 分别是 s-商和其父网络的平均最短路径长度。如图 5.6 所示，
对于所有测试的真实网络，其相应的 s-商的平均最短路径长度与其自身平均最短
路径长度之差通常在 10%范围以内，这一差距基本上与网络的规模和类别无关。
既然网络直径和网络的平均最短路径长度在 s-商中都可靠地得以保留，我们认为
s-商构成了其父网络的通信骨架(communication skeleton)。

————————————
① 这里的局部对称和全局对称的定义是从网络最短路径的角度给出的，在第 6 章将给出可以量化的。

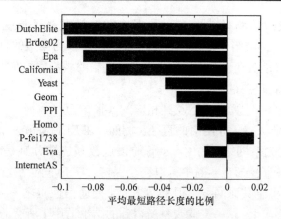

图 5.6　s-商的平均最短路径长度

5.4　网络商在社会网络隐私保护中的应用

本节将讨论网络商在社会网络隐私保护中的应用。具体而言，本节提出了网络商的一个改进版本——B-骨架，这一骨架可以更好地保持原网络的性质。利用 B-骨架这一性质成功地保持了 k-对称模型的可用性。

5.4.1　k-对称

前面的章节已经论述了在社会网络隐私保护问题中，即使对社会网络中的顶点进行了匿名化处理，攻击者仍然可以根据顶点在网络结构上的独特性将其从匿名化网络中识别出来。这是结构再识别攻击模型的核心思路。因此，保护社会网络的一般性方法是通过构造顶点之间的结构等价性来改造匿名网络。针对不同背景知识下的结构再识别攻击，不同的文献提出了满足不同程度的结构等价性的匿名模型，并提出了相应的网络匿名方法。文献[49]假定攻击者利用节点度信息识别节点，提出了 k-degree 模型，这一模型要求对于网络中的任一顶点至少存在 k-1 个有着相同度数的节点。文献[3]假定攻击者知道顶点的邻居图的信息，提出了 k-neighborhood 模型，要求对于网络的任一顶点至少存在 k-1 个顶点与之有着同构的邻居图。

然而攻击者可能利用的关于节点的结构信息是无穷的。上述工作只能保护网络免于基于特定结构信息的攻击。一旦攻击者获取某个节点的其他类型的结构信息，上述模型就将失效。那么一个很自然的问题就是，能否提出一种较强的 k 匿名模型，以抵抗基于任意结构信息的结构攻击？

网络对称性对这一问题给出了理想的解决方案。前面已经论述自映射等价性是网络顶点集上最强的等价性。也就是说只要两个顶点是自映射等价的，它们在任意面向顶点的结构度量的刻画下都是等价的。因此，一旦改造匿名网络使之满足 k-对称(见定义 5.1)，也就是使得对于网络中的任一顶点，都存在 $k-1$ 个顶点与之自映射等价，那么在任何结构攻击下，这 k 个顶点都无法被区分开来。

定义 5.1(k-对称(k-symmetry)匿名模型) 给定图 G 和一个整数 k，令其自映射分区为 $\Delta = \{\Delta_1, \Delta_2, \cdots, \Delta_s\}$，如果 $\forall \Delta_i \in \Delta, |\Delta_i| \geqslant k$，那么 G 满足 k-对称匿名模型。

给定 k-对称概念后，如何实现这一模型，具体而言，如何改造匿名网络使之满足 k-对称，则成为这一模型在实际应用中的关键问题。为此，我们定义了轨道复制(orbit copying)操作改造网络使之满足 k-对称。

定义 5.2(轨道复制) 给定图 G 和其自映射分区 $\mathscr{V}$，令 $V \in \mathscr{V}$，那么作用于 V 上的轨道复制操作，记作 $\mathrm{Ocp}(G, \mathscr{V}, V)$，定义为下面的过程。

对于每个 $v \in V$，构造一个新的顶点 v'，并加入图 G，并且：

(1) 如果 $(u, v) \in E(G)$，$u \in U, U \in \mathscr{V}$ 且 $U \neq V$，把边 (u, v') 加入图 G；

(2) 如果 $(u, v) \in E(G)$ 且 $u \in V$，把边 (u', v') 加入图 G。

例 5.1 如图 5.7(a)所示的一个匿名化的社会网络，其自映射分区为 $\Delta = \{V_1, V_2, V_3, V_4, V_5\}$，其中 $V_1 = \{v_1, v_2\}$，$V_2 = \{v_3\}$，$V_3 = \{v_4, v_5\}$，$V_4 = \{v_6, v_7\}$ 以及 $V_5 = \{v_8\}$。图 5.7(b)展示了轨道 V_3 被复制之后得到的图。

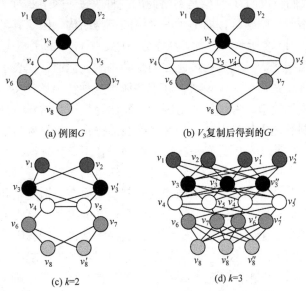

(a) 例图 G

(b) V_3 复制后得到的 G'

(c) $k=2$

(d) $k=3$

图 5.7 轨道复制操作

通过对网络中所有不满足 k-对称的轨道进行多次复制，最终将得到满足 k-对称的网络。同时，还可以证明，轨道复制操作是顺序无关的，也就是说在一组轨道复制操作的作用下，无论其顺序如何，将始终得到同构的图。需要指出的是，这些事实的证明并不简单，由于本节关心的焦点是网络商的应用，轨道复制相关证明的细节在此省略了，详细证明参见文献[139]。图 5.7(c)和图 5.7(d)展示了将图 5.7(a)改造为 $(k = 2)$-对称以及 $(k = 3)$-对称之后的结果。

5.4.2　基于 B-骨架的可用性

令图 G' 是图 G 经过任意轨道复制序列的操作后得到的图，那么轨道复制的另一个重要性质是，图 G 与 G' 有着相同的骨架，这种骨架称为 B-骨架。这里只给出 B-骨架的一个直观定义：对于图 G，其 B-骨架是通过轨道复制操作能够得到图 G 的最小子图。文献[139]给出了基于轨道复制性质的严格的数学定义。如图 5.8(a)所示的图 G，其 B-骨架显示于图 5.8(b)中。

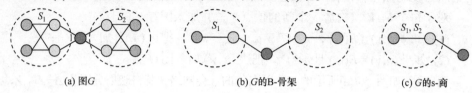

(a) 图 G　　　　　　　(b) G 的B-骨架　　　　　　　(c) G 的s-商

图 5.8　B-骨架以及 s-商

进一步，我们将说明 B-骨架是网络商的一种改进。网络商对于网络结构的约简只依赖于网络的自映射群，而不考虑网络的自身结构，因而有可能破坏原网络的基本结构。如图 5.8 所示，在真实网络分析中，图 G 中的子结构 S_1 和 S_2 常常被视作网络的社团结构。虽然它们彼此之间是同构的，但通常代表了不同的社区结构。s-商将 S_1 和 S_2 约简成一个模块，就无法体现这种社会学含义。因此，一个有意义的网络结构约简应该考虑类似的因素。而 B-骨架正是这样一种有意义的网络约简。轨道复制的逆操作可以视作一种网络约简操作，不妨称为轨道约简。从约简角度来看，一个网络的 B-骨架是在轨道约简操作下无法再继续约简的最小网络。从轨道复制的定义可知，任意一个轨道复制和轨道约简操作都只能以一个轨道为单位进行，因此涉及多个轨道的子结构的复制或约简在轨道复制和轨道约简操作中是不允许的。而 s-商相应的约简过程却没有这样的限制。事实上，网络中如果包含彼此同构的由多个轨道构成的子结构，这些子结构往往属于不同的社区，而不应约简。图 5.8 展示的正是这样的例子，图 G 中同构的子结构 S_1 和 S_2 由两个轨道构成，在 G 的 B-骨架中，无法再继续约简，而在 G 的 s-商中则可以约简。显然前者在实际应用中更有意义。

隐私保护的一个重要问题是数据的可用性。通常在隐私保护问题中，我们期望能够在保护数据的隐私的同时，尽可能降低数据中的信息损失，提高数据的可用性。网络数据可用性的一个重要方面是其宏观统计性质。既然基于 s-商的网络的骨架已经能够保持原网络的重要性质,作为 s-商的改进版本,B-骨架将可以更好地保持原网络性质。因此从发布的 k-对称网络还原原网络的统计性质的基本方法是找到原网络的 B-骨架,在 B-骨架的基础上还原原网络结构。而轨道复制操作的重要性质:保持 B-骨架,意味着改造后的网络与原网络有着相同的 B-骨架。因此,理论上来讲,可以从 k-对称网络提取出其与原网络所共享的 B-骨架。在具体实现中,我们提出了一个基于 DFS 的随机采样的方法来抽取原网络结构。

采样过程显示在算法 5.1 中。算法的输入是发布给用户者的 k-对称网络 G'、相应的分区信息 $\mathscr{V}'$、原网络的顶点数以及概率 $p[i]$。概率 $p[i]$ 表示从 $\mathscr{V}'$ 中的某个等价类 V'_i 进行采样的概率。通常用户可以根据一些启发式规则定义 $p[i]$。一般来讲,网络中的某个轨道的规模与其中的顶点度是反相关的,因此一种简单的处理方法是令 $p[i] = d_i^{-1} / \sum_{j=1}^{|\mathscr{V}'|} d_j^{-1}$($d_i$ 是 V'_i 中的顶点度)。

算法 5.1 中,$S[i]$(初始值为 1)表示期望从 $V_i \in \mathscr{V}'$ 中采样的顶点数,变量 Visited[i] 和 Selected[i] 分别用于表示顶点 v_i 在 DFS 过程中是否被访问,是否被选择作为采样顶点。算法 5.1 的主要思想是从 $\mathscr{V}'$ 中采样出 n 个顶点,以这 n 个点的导出子图作为原图的近似。算法首先根据 $p[i]$ 计算出从 V' 的每个等价类期望的采样顶点数($S[i]$);然后利用 $S[1, \cdots, |\mathscr{V}'|]$ 指导 DFS 遍历过程,使每个等价类 V_i 中至多有 $S[i]$ 个顶点被采样。

本章通过发布的网络数据获取原网络的统计性质的过程与文献[2]相似。分析人员首先对 k-对称网络进行若干次采样,然后利用采样图的平均指标表达原网络的相应指标。本章考察的网络数据可用性指标包括度分布、最短路径长度分布、聚集系数分布、网络抗毁性曲线[85]。网络抗毁性曲线的绘制过程如下:将网络中的节点按照节点度降序顺序,依次从网络中移出,绘制最大连通分量顶点数占原网络顶点数的比例随着顶点移出比例增长的变化曲线。

本节使用了三个真实网络 Enron、Hepth 和 Net_trace(文献[2]使用了同样的三个网络)测试基于 B-骨架采样的效果。在匿名参数 $k = 5, 10$ 时,对比了原网络的特定度量和利用算法 5.1 进行 20 次采样取平均而得到的相应度量结果。图 5.9 仅给出了 $k = 5$ 时的结果,$k = 10$ 时的结果与之相似。图中红色曲线代表真实网络的度量值,黑色曲线代表 20 个采样图的度量值。从图中可以看出,对于大多数可用性度量,本章所提的基于 B-骨架的采样方法均可以取得较好的可用性效果。

算法 5.1:基于 B 骨架的随机采样

Input: $G', \mathscr{V}', n = |V(G)|, p[1, \cdots, |V'|]$

Output: G' 的一个连通子图 $G_S (|V(G_S)| = n)$

1 $N = n - |V'|$;

2 **while** $N > 0$ **do**

3　　　根据 $p[i]$ 随机选择 i, 且满足 $S[i] < |V_i'|, 1 \leqslant i \leqslant |\mathscr{V}'|$ 和 $V_i' \in \mathscr{V}'$;

4　　　$S[i] = S[i] + 1$

5　　　$N = N - 1$

6 end

7 随机选择顶点 $r \in V(G')$ (假设 r 属于 V_j')

8 Visited$[r]$ = true ;

9 Selected$[r]$ = true ;

10 $S[j] = S[j] - 1$;

11 $n = n - 1$;

12 DFS$(r, n,$ Visited, Selected, $S, \mathscr{V}')$;

13 **return** $V = \{v \mid v \in V(G') \bigcap$ Selected(v) = true$\}$ 的导出子图;

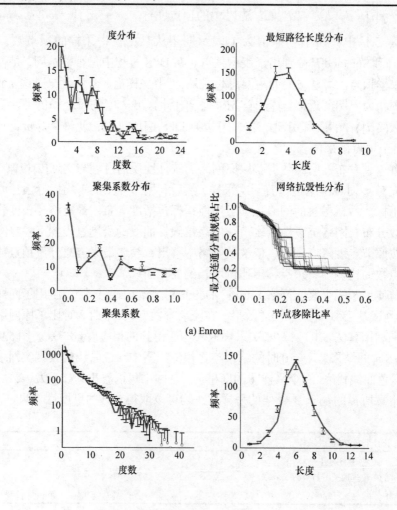

(a) Enron

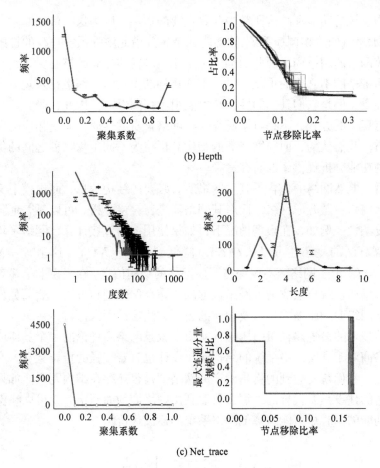

(b) Hepth

(c) Net_trace

图 5.9　基于 B-骨架的采样方法(见文后彩图)

5.5　网络商的其他应用

网络商是通过将网络中结构等价的顶点聚集成不相交的等价类，以等价类作为新的顶点，并构造这些等价类之间的邻接关系而构成的。因此，网络商捕获了网络中结构复杂性的所有必要的信息，排除了所有的结构冗余。网络商因而可以视作原网络的结构骨架。因此，决定系统复杂性的是其骨架也就是网络商，而非父网络本身。对于真实网络相关统计数据的分析也证实了对网络的同构性或者简单性有着明显贡献的元素从网络商中被移除了，而对网络的异构性或复杂性有着贡献的元素在网络商中被完全保留。

很多生物网络的形成过程是通过顶点复制或部分复制机制实现的[140]。顶点复制在生物系统的功能和结构研究中起着重要的作用,因为这一机制非常自然地解释了生物系统(如生物调控系统)的功能冗余,并借此增强系统自身的抗毁能力。生物调控网络的网络商因此而编码了生化控制模体之间的核心关系,消除了由于冗余而带来的不必要的重复。虽然不同物种的生物调控网络在宏观上有着很多相似的性质,但是它们具体的性质却可能很不相同[21, 71]。因此,研究这些网络的一种更有意义的方式,不是直接研究这些网络自身的性质,而是相应的网络商的结构性质。我们认为,面向网络商的结构分析将为不同生物物种之间的保守的调控模体的功能分析提供新的研究途径。

最后,既然网络商包含了其父网络所有必要的结构信息,而规模上又显著地小于其父网络,避开原网络,而对其网络商进行直接分析,可以显著地降低网络算法的复杂性。例如,在很多情况下,如果使用 s-商直接计算,网络平均最短路径的计算算法的复杂性可以从 $O(NM)$ 降低到 $O(r_N r_M NM)$,这里 $r_N = N_s / N$,$r_M = M_s / M$。由于网络商不仅保持了原网络的结构信息,在规模上也显著小于原网络,网络商也就自然成为大网络数据的压缩存储的理想方法。然而如何进一步研究基于网络商的压缩方法以及相应的还原方法还需深入探讨。在第 6 章中,基于对称性技术的最短路径索引压缩,实质上就是网络商理论的一个具体应用。

网络商对于真实网络系统的结构优化设计也有着较强的指导意义。有了网络商概念后,我们首先想到的将是给定的网络中是否还存在结构冗余。如果网络系统中点边的建设是有代价的,那么只要利用网络商约简网络,就可以在保持原网络系统功能的同时尽可能地降低网络系统的建设代价。

5.6　本 章 小 结

本章提出了一种通过从网络结构中剥离对称刻画的结构冗余信息,提取原网络骨架的方法。这种剥离对称信息而得到的骨架称为网络商。通过对大量真实网络的实证分析,证实网络商继承了原网络的主要性质,包括网络复杂性(Hub 顶点和网络异构性)、网络通信性质等。进一步,在社会网络隐私保护问题中,利用网络商成功地保持了 k-对称模型的可用性。本章的工作对于构造精简的接近真实网络性质的人工网络、网络复杂性约简、网络的压缩表达等一系列问题的解决有着重要的意义。

第 6 章　利用图的对称性有效索引最短路径

最短路径查询(shortest path queries，SPQ)在很多面向图数据的分析与挖掘问题中是必要的。然而，在大图上即时回答最短路径查询开销很大。为了实现实时回答最短路径查询，通常可以利用物化的方法对最短路径进行索引。然而，为一个 N 个顶点的图的所有最短路径进行索引需要 $O(N^2)$ 的空间。为此，需要尽可能压缩最短路径索引并在相应索引上实现实时的最短路径查询回答。

许多大型的真实网络已被证实具有很高的对称性。这一事实启发我们利用图的对称性来降低索引的规模，同时保证最短路径查询回答的正确性和效率。具体而言，本章提出了一种利用网络对称性的算法框架，在这一框架中只需在轨道层面而不是顶点层面为大图进行索引，这使得需要物化的广度优先搜索树的数量从 $O(N)$ 减少到 $O(|\Delta|)$ (其中 $|\Delta| \leqslant N$ 是图中轨道的数量)。进一步，本章探索了轨道的连通性和局部对称性的性质，并借此构造压缩的广度优先搜索树(Compact BFS-trees)。针对模拟数据和真实数据，开展了大量的实证研究。结果显示，本章的算法能够高效地构建压缩的广度优先搜索树，并显著降低其空间代价；利用压缩广度优先搜索树可以实现实时的最短路径查询。

6.1　概　　述

最短路径查询在很多面向图数据分析与挖掘任务中是非常重要的必不可少的查询问题。例如，在代谢网络分析中，对于给定的一对化合物，它们之间的最短的代谢路径是人们非常感兴趣的[141]。在一个大型的通信网络中，网络中的最短路径对于整个网络的资源管理有着重要影响[142,143]。进一步，最短路径在刻画大型网络的内在结构时也是非常重要的[144,145]。因此，在一个给定的大型网络中如何快速地查询任意给定顶点对之间的最短路径，成为真实网络数据管理的基本问题。

然而，实时回答大图的最短路径查询并非是简单的事情，在很多情况下，这一查询任务需要消耗的代价是昂贵的。为了查询给定顶点对 u 和 v 之间的最短路径，一个较为直接的方法是从顶点 u 出发，递归地对于网络中的每个顶点进行宽度优先搜索(breadth-first search)，直到遇到顶点 v ，那么从 u 到 v 的路径就是一条 u 与 v 之间的最短路径。然而，这一方法在一个有着 N 个顶点和 M 条边的图上的

时间复杂性为 $O(N+M)$ [1]。对于较大规模的真实网络而言，这一方法难以达到实时最短路径查询的需求。

为了实现实时最短路径查询，可以采用离线物化的方法。也就是说，以离线的方式预先计算图中每个点对之间的最短路径，以这些最短路径作为索引。当给定顶点对之后，可以在常量时间内从索引结构中查询相应的最短路径。在一个有 N 个顶点的无向图中，共有 $N(N-1)/2$ 个点对，因此索引结构中至少包含如此数量的最短路径。所以，上述物化方法的直接实现需要消耗 $O(N^2)$ 的存储空间。对于大图，空间消耗通常是一个非常重要的考虑因素，如此的空间代价在很多场合下是不可接受的。

本章将研究如何有效索引最短路径，并实现基于相应索引的实时的最短路径查询。研究的主要目标是在保证实时回答最短路径查询的前提下，尽可能地降低相应索引的空间代价。本章所使用的方法将充分利用广泛存在于大型真实网络中的对称性 [34,68,99,146]。在深入介绍本章的技术细节之前，首先通过一个例子展示本章方法的主要思想。

例 6.1(方法概貌)　考虑图 6.1 所示的图 G。通过观察，我们发现顶点 v_1 和顶点 v_2 具有如下性质：对于任意顶点 $v \in (V(G) - \{v_1, v_2\})$，$v_1$ 到 v 的最短路径和 v_2 到 v 的最短路径几乎完全相同，除了边 (v_1, v_3) 和边 (v_2, v_3) 不同。通过前面章节的论述，我们知道这一性质实质上是由顶点集上的自映射等价关系决定的。利用这种等价性，v_1 与网络中除了 v_2 之外的顶点之间的最短路径都可以直接从由 v_2 到这些顶点之间的最短路径获得。换言之，只要记录了 v_1 和 v_2 之间的这种等价性，就可以避免计算以及存储 v_2 到其他顶点之间的最短路径信息，从而提高了计算效率，降低了存储代价。

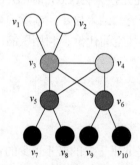

图 6.1　本章所使用的图例 G

事实上，网络中往往可能存在多个顶点(远远超过两个顶点)相互之间满足自映射等价关系。例如，v_7、v_8、v_9、v_{10} 也是自映射等价的，这一事实意味着，获取这些顶点的最短路径信息时，可以节约更多的计算资源和存储代价。

本章将系统地研究这一问题，并作出如下贡献。首先，针对图数据管理问题，提出利用图对称的一般理论框架以及算法框架；并具体针对最短路径索引问题给出了相应的实例。其次，系统地研究轨道邻接性和局部对称性理论，并依据此理论设计压缩的 BFS 树，进一步约简了最短路径索引的存储规模。最后，通过系统的实验验证本章算法策略的有效性和高效性。据我们所知，到目前为止，本章的内容是最早利用图的对称性索引最短路径并进行查询回答。

6.2　背　景　知　识

本节将首先回顾一些最短路径和宽度优先搜索的基本概念。

在本章，若不特别指出，一个图 G 指代的是无向图。在图 G 中，以 $u,v \in V(G)$ $(u \neq v)$ 为端点的路径 P 是一条最短路径(shortest path)如果不存在另一条在 u 和 v 之间的路径 P'，满足 $\text{len}(P') < \text{len}(P)$。在一个连通图中，任意点对之间必定存在至少一条最短路径。为了便于本章的讨论，若不特别指出，对于一个点对，仅考虑其间的一条最短路径。本章的方法可以直接扩展到查找任意点对之间所有最短路径的问题。

给定图 G，为了查找 u 和 v 之间的最短路径，可以执行以顶点 u 为起始点的宽度优先搜索。从顶点 u 出发的宽度优先搜索的结果是一棵宽度优先搜索树(简记为 BFS 树) T_u[1]。为了得到 T_u，首先初始化 T_u 为只包含根顶点 u 的树。然后，所有 u 的邻居作为 u 的孩子被加入 T_u 中，也就是说，如果 $(u,x) \in E(G)$，x 将作为 u 的孩子加入 T_u。对于当前树 T_u 中的每个叶子顶点 x 执行上述过程，搜寻 x 在图中的每个未被访问过的邻居 y(也就是说 $(x,y) \in E(G)$ 并且 y 还未被加入 T_u)，并将 y 作为 x 的孩子加入 T_u 中。这样的过程一层一层(也就是以宽度优先的方式)地重复着，直到 v 被加入 T_u。那么，BFS 树中从 u 到 v 的路径就是 u 和 v 之间在图 G 上的一条最短路径。

显然，上述宽度优先搜索过程可被扩展用于寻找 u 与任一 $v \in V(G) - \{u\}$ 顶点之间的最短路径。所要做的仅仅是运行循环过程，直至所有在 $V(G) - \{u\}$ 的顶点都被加入 BFS 树 T_u 中。

例 6.2(BFS 树)　考虑图 6.1 中的图 G。通过从顶点 v_1 开始的宽度优先搜索，得到如图 6.2(a)所示的 BFS 树 T_{v_1}。T_{v_1} 中每条从根节点 v_1 到顶点 $x(x \neq v_1)$ 的路径都是图 G 中从 v_1 到 x 的最短路径。

如果为图中的每个顶点都计算出相应的 BFS 树，并且将所有的点对之间的最短路径索引为数组或者哈希表，就可以实时地回答任意点对之间的最短路径。显然这是一种典型的物化技术。这种简单的物化方法的时间复杂性等同于计算所有点对之间最短路径的复杂性，也就是 $\Theta(NM)$(这里，N 是顶点数，M 是边数)，而相应的空间复杂性为 $\Theta(N^2)$。

另一项与本章内容密切相关的基本概念是图对称，已经在第 2 章得到详细的介绍。这里针对图 6.1 所示的例图，对于图对称的基本概念进行简单回顾。

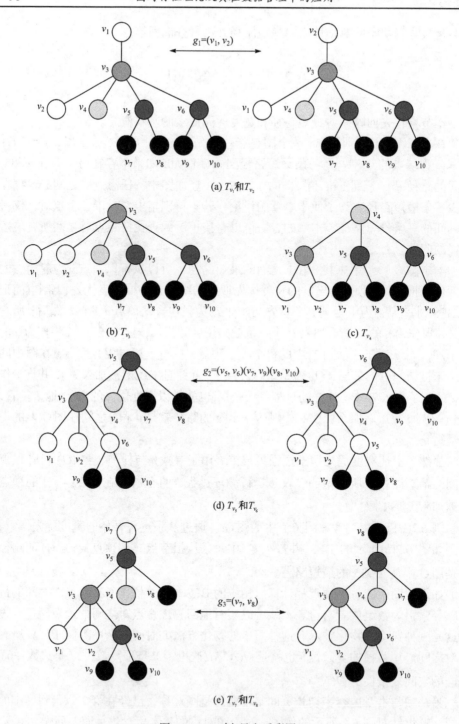

(a) T_{v_1}和T_{v_2}

(b) T_{v_3}

(c) T_{v_4}

(d) T_{v_5}和T_{v_6}

(e) T_{v_7}和T_{v_8}

图 6.2　BFS 树(见文后彩图)

例 6.3(图对称)　对于图 6.1 中的 G ，可以计算得到 Aut(G) 的一组生成集，包含一组自映射 $g_1 = (v_1, v_2)$ ，$g_2 = (v_5, v_6)(v_7, v_9)(v_8, v_{10})$ ，$g_3 = (v_7, v_8)$ 以及 $g_4 = (v_9, v_{10})$ 。

在 g_2 作用下，顶点 v_7 被映射到 v_9 ，顶点 v_8 被映射到 v_{10} ，因此顶点 v_7 和 v_9 是自映射等价的，v_8 和 v_{10} 是自映射等价的。同理，由于 g_3，v_7 和 v_8 是自映射等价的。最终，v_7，v_8，v_9，v_{10} 属于图中的同一个轨道。利用所有的自映射，得到图的自映射分区为 $\varDelta = \{\varDelta_1, \varDelta_2, \varDelta_3, \varDelta_4, \varDelta_5\}$，这里 $\varDelta_1 = \{v_1, v_2\}$ ，$\varDelta_2 = \{v_3\}$ ，$\varDelta_3 = \{v_4\}$ ，$\varDelta_4 = \{v_5, v_6\}$ 以及 $\varDelta_5 = \{v_7, v_8, v_9, v_{10}\}$ 。图 6.1 中的 G 的顶点的着色表达的就是自映射分区的信息。

6.3　算　法　框　架

如例 6.3 所示，图 G 中的顶点 v_1 和 v_2 属于相同的轨道。观察图 6.2(a)中分别以 v_1 和 v_2 为根的 BFS 树，会发现这两个 BFS 树在自映射 $g_1 = (v_1, v_2)$ 的作用下可以转换成彼此。在 g_1 的作用下，T_{v_1} 中的每条路径也能够映射到 T_{v_2} 中某个相应的路径。

表 6.1　自映射存储

轨道	基本顶点	镜像顶点和自映射
$\varDelta_1$	v_1	$\langle v_2, g_1 \rangle$
$\varDelta_4$	v_5	$\langle v_6, g_2 \rangle$
$\varDelta_5$	v_7	$\langle v_8, g_3 \rangle, \langle v_9, g_2 \rangle, \langle v_{10}, g_3 g_2 \rangle$

一般而言，对于属于同一个轨道的顶点，它们相应的 BFS 树在特定自映射的作用下可以映射到彼此。图 6.2(b)～图 6.2(e)都是这样的例子。表 6.1 给出图 G 中，非平凡轨道中的顶点之间相互转换的自映射。

基于上述观察，我们可以降低最短路径计算和存储的代价。对于每个轨道 $\varDelta$ ，只需要选择轨道中的一个顶点 $u \in \varDelta$ ，作为基本顶点(base vertex)，并为该顶点生成相应的 BFS 树 T_u。对于轨道中的其他顶点 $u' \in \varDelta$(称为非基本顶点或者镜像顶点)，只需记录能够将 BFS 树 T_u 映射到 $T_{u'}$ 的自映射 $f_{u, u'}$。

如果一个最短路径查询涉及至少一个基本顶点，可以利用基本顶点的 BFS 树直接回答该查询。如果需要查询最短路径的点对 u_1 和 v_1 均不是基本顶点，可以先找到 u_1 所属的轨道的基本顶点，如 u。然后从 BFS 树 T_u 查找 u 与 v_1 之间的最短路径。最后，将自映射 f_{u, u_1} 作用于 u 和 v_1 之间的最短路径，所得便是 u_1 和 v_1 之间的最短路径。

本章仍然使用 Nauty[147]计算网络的对称信息，包括轨道信息和自映射群的生成集的信息。本章方法的基本框架如算法 6.1 所示。

算法 6.1: 算法框架

　　Input: 图 G ；

　　Output: T ，一组压缩的 BFS 树；

1　计算图的对称信息，将顶点集 $V(G)$ 划分为自映射分区；

2　foreach 非平凡轨道 Δ do

3　　选择一个顶点 $u \in \Delta$ 作为该轨道的基本顶点，对于所有 $u' \in \Delta$ ，$u' \neq u$
　　　计算自映射 $f_{u,u'}$ ；

4　end

5　对于每个轨道的基本顶点，通过宽度优先搜索构造相应的压缩的 BFS 树；

6.4 节将论述上述方法的正确性，并且讨论如何为轨道中的非基本顶点计算相应的自映射。6.5 节将论述在 BFS 树的生成过程中，如何将同一轨道中的顶点进一步压缩，从而得到压缩的 BFS 树。最终，本章采用压缩的 BFS 树作为最短路径的索引结构。

6.4　基于轨道的压缩

本节将论述本章的主要思想：为每个轨道，而不是每个顶点生成 BFS 树的正确性。为此，将先研究在自映射作用下子图的若干性质。然后研究自映射作用下的最短路径的性质。最后研究为轨道中非基本顶点生成相应自映射的算法。

6.4.1　自映射作用下的子图

图对称应用到真实问题中时，一个基本的不可回避的问题是子图在置换特别是自映射作用下的性质问题。

令 $g \in S(V)$ ，令 $H = (V', E')$ 为图 $G = (V, E)$ 的一个子图，那么可以定义，子图在置换 g 作用下的结果为 $H^g = (V'^g, E'^g)$ 。需要注意的是，$V'^g \subseteq V$ 显然成立，但是 $E'^g \subseteq E$ 却不一定成立，但是引理 6.1 告诉我们当 g 是 Aut(G) 中的一个自映射时，$E'^g \subseteq E$ 也成立，这意味着 H^g 也是图 G 的子图。

引理 6.1(自映射作用下的子图)　令 $H = (V', E')$ 为图 $G = (V, E)$ 的一个子图，也就是说 $V' \subseteq V$ 且 $E' \subseteq E$ 。那么，对于任意自映射 $g \in$ Aut(G) ，$H^g = (V'^g, E'^g)$ 是图 G 的子图(也就是说，$V'^g \subseteq V$ 且 $E'^g \subseteq E$)并且同构于 H 。

证明　既然 g 是图 G 的自映射，那么 $E^g \subseteq E$ 成立。由于 $E' \subseteq E$ ，$E'^g \subseteq E$ ，

所以 H^g 必定是图 G 的子图。

根据自映射定义，自映射 g 是 V 到其自身的双射。这样一来可以构造另一个从 V' 到 V'^g 的双射 g'。g' 的构造方式如下：每个 $v \in V'$ 映射到 v^g。显然，对于每个 $(v_1, v_2) \in E$，$(v_1^{g'}, v_2^{g'}) \in E'$。因此，$g'$ 是 H 和 H' 之间的同构映射，因此 H^g 同构于 H。

引理 6.1 在很多图数据管理问题中有着重要意义。对称图的子结构在同构意义下有着很大程度的冗余，也就是网络中的不同子图，在某些自映射作用下是可以映射到彼此的。这就意味着，在很多图数据管理问题中，充分利用这一性质，可以显著提高算法效率。例如，给定某个查询子图模式，从一个大网络中查找所有与查询子图模式匹配的出现，利用网络对称性，一旦找到图模式的一个出现，该出现对应的子图，在自映射作用下得到的就是相应的查询图模式在大网络中的其他出现(当然也有可能是这个出现自身)。因此，一旦给定了图的对称信息，只需要获得网络的局部结构信息，与其同构的其他子结构的信息都可以通过对此局部结构施加自映射变换自然地推断得到。

自映射作用下的子结构在同构意义下是冗余的。然而在很多问题中，还需要进一步区分这些同构的子图是否相同。换言之，对于任意给定的子图 H，通过对其施加自映射变换，可以得到若干存在于图 G 中并与其同构的子图，不妨称这些图为 H 的镜像图(mirrored graph)。因此，至多可以得到 $|\mathrm{Aut}(G)|$ 个 H 的镜像图(包括 H 自身)。然而，这些 H 的镜像图有些可能是相同的(same)。也就是说，H 的镜像图中不同(distinct)的图至多有 $|\mathrm{Aut}(G)|$ 个。那么，给定图 G 的某个子图 H，究竟存在多少不同的 H 的镜像图呢?这个问题也是很多图数据管理的核心问题。例如，在图模式枚举过程中，决定该过程效率的关键是如何避免重复地枚举相同的模式。对于给定的子图结构，如果能对此作出理论估计，则会显著提高剪枝效率。

定理 6.1 回答了这一问题。在给出结论之前，先给出引理 6.2。令 $V' \subseteq V$ 是顶点集的子集，V' 的导出子图(induced subgraph)定义为 $G(V') = (V', E_{V'})$，其中 $E_{V'} = \{(u, v) \in E \mid u, v \in V'\}$。

引理 6.2　考虑图 $G = (V, E)$ 和顶点子集 $V' \subseteq V$。对于任意自映射 $f \in \mathrm{Aut}(G)$，如果 $V'^f = V'$，$G(V')^f = G(V')$。

证明　显然，仅需要证明 $E'^f = E'$。既然 $f \in \mathrm{Aut}(G)$ 是自映射，$E'^f \subseteq E'$。对于任意边 $(u, v) \in G(V')$，由于 $V'^f = V'$，所以 $(u, v)^f \in E'$ 成立。因此，$E'^f \subseteq E \cap V' \times V' = E'$。考虑到 f 是双射，所以有 $E'^f = E'$ 成立，因此 $G(V')^f = G(V')$。

值得注意的是，当 H 不是导出子图时，也就是说 $E' \subset (V' \times V') \cap E$，$E'^g = E'$

不一定成立。例如，对于有四个点的环 C_4，令其顶点集为 $V = \{1,2,3,4\}$，边集为 $E = \{(1,2),(2,3),(3,4),(4,1)\}$。令 H 为包含三条边 $\{(1,2),(1,4),(2,3)\}$ 的图 C_4 的子图。置换 $g = (1,4)(2,3)$ 是图 C_4 的自映射。在 g 的作用下，得到 $E(H^g) = \{(1,4),(2,3),(3,4)\}$，这不再等同于子图 H。

对于图 $G = (V,E)$，顶点集 $Q \subseteq V$，自映射 $f \in \mathrm{Aut}(G)$ 称作相对于 Q 而言的集合意义下的稳定器(setwise stabilizer)，如果满足 $Q^f = Q$，这里 $Q^f = \{v^f \mid v \in Q\}$。在图 G 中，所有满足 $Q^f = Q$ 的自映射组成的集合记作 $\mathrm{SS}(G,Q)$。在文献[54]中已经给出一个重要的结论，$\mathrm{SS}(G,Q)$ 是 $\mathrm{Aut}(G)$ 的子群。基于此结论，容易得到下面的重要结论。

定理 6.1(压缩性)　给定图 $G = (V,E)$，$V' \subseteq V$，下面的等式成立：

$$\left| G(V')^{\mathrm{Aut}(G)} \right| = \frac{|\mathrm{Aut}(G)|}{|\mathrm{SS}(G,V')|}$$

其中，$G(V')^{\mathrm{Aut}(G)} = \left\{ G(V')^f \mid f \in \mathrm{Aut}(G) \right\}$。

证明　$\mathrm{SS}(G,V')$ 是 $\mathrm{Aut}(G)$ 的子群[54]。因而，本定理实质上是 Lagrange 定理[148] 的直接结果。Lagrange 定理告诉我们如果 H 是 P 的子群并且 P 是有限群，那么 $|P| = |H| \cdot [P:H]$，这里 $[P:H]$ 为不同的陪群的数量。

定理 6.1 表明网络中 $G(V')$ 的不同的同构复制数量仅仅依赖两个因素：自映射群 $\mathrm{Aut}(G)$ 的规模以及相对于 V' 的集合意义下的稳定器的数量。从这一定理，我们可以得到一个很重要的启发是，在一个相对于 V' 的集合意义下的稳定器(也就是保持 V' 不变的网络自映射)的作用下，$G(V')$ 将映射到其自身；这也就意味着在进行模式枚举时，这一枚举将会导致冗余。

下面将首先介绍引理 6.3，该引理告诉我们，在自映射作用下，网络中任意两个顶点之间的最短路径距离在自映射作用下能够保持不变。

引理 6.3[50]　令 u 和 v 为图中的两个顶点，令 $d(u,v)$ 为 u 和 v 之间的最短路径的距离。那么对于任意自映射 $g \in \mathrm{Aut}(G)$，$d(u^g,v^g) = d(u,v)$ 成立。

引理 6.4(自映射作用下的最短路径)　令 P 为图 G 顶点 u 和 v 之间的一条最短路径，那么对于任意 $f \in \mathrm{Aut}(G)$，P^f 是顶点 u^f 和 v^f 间的一条最短路径，这里 $P^f = \left\{ (x^f,y^f) \mid (x,y) \in P \right\}$。

证明　根据引理 6.1，P^f 必定是 u^f 和 v^f 之间的一条路径。根据引理 6.3，有 $\mathrm{len}(P) = \mathrm{len}(P^f)$ 成立。

假定 P^f 不是 u^f 和 v^f 之间的最短路径，那么必定存在一条连接 u^f 和 v^f 且比

P^f 更短的最短路径，假设为 p'。这样一来，p'^{f-1} 就会变成一条比 P 更短的连接 u 和 v 的最短路径，与定理给定的事实相悖。因此 P^f 必定是 u^f 和 v^f 之间的最短路径。

基于上面的基本理论，现在可以论证本书所提出的最短路径索引方法的正确性。

定理 6.2(自映射作用下的 BFS 树)　对于图 G，令 T_v 是以顶点 $v \in V(G)$ 为根的 BFS 树。对于任意与顶点 v 在同一个轨道中的顶点 u，必定存在一个自映射 $f \in \mathrm{Aut}(G)$ 使得 $v^f = u$ 且 T_v^f 是以 v^f 为根的 BFS 树，这里 $T_v^f = \{(x^f, x^f) \mid (x, y) \in T_v\}$。

证明　u 和 v 属于同一个轨道，那么根据轨道的定义，必定存在至少一个自映射 $f \in \mathrm{Aut}(G)$ 使得 $u = v^f$。所以只需要证明 T_v^f 是一个以顶点 u 为根的 BFS 树即可。

根据引理 6.4，T_v^f 中的每一条从根出发的路径都是从 $u = v^f$ 出发的网络中的最短路径。因此，为了证明 T_v^f 是以顶点 u 为根的 BFS 树，只需要证明从 u 到所有其他顶点之间的最短路径都出现在 T_v^f 中。f 是顶点集之间的一一映射，如果存在某个顶点，其到顶点 u 的最短路径不出现在 T_v^f 中，那么必定存在两个顶点 x_1 和 x_2，使得 $P_{ux_1} = P_{ux_2}$（P_{xy} 为顶点 x 和 y 之间的一条最短路径）。也就是说 $x_1^f = x_2^f$，这与 f 是顶点集之间的一一映射的事实相矛盾。

例 6.4(自映射作用下的 BFS 树)　在图 6.2 和表 6.1 中，可以观察到很多满足定理 6.2 的例子，包括 $T_{v_1}^{g_1} = T_{v_2}, T_{v_5}^{g_2} = T_{v_6}, T_{v_7}^{g_3} = T_{v_8}, T_{v_7}^{g_2} = T_{v_9}$ 以及 $T_{v_7}^{g_3 g_2} = T_{v_{10}}$。

6.4.2　为每个轨道生成 BFS 树

6.4.1 节已经论述，在建立最短路径索引时，对于每个非平凡的轨道 Δ，只需要选择轨道中任一顶点 $v \in \Delta$ 作为基本顶点(base vertex)，并为之生成相应的 BFS 树即可。基本顶点的选择并没有什么特别的考虑，Δ 中的任意顶点都可以作为基本顶点。对于同一轨道中的其他顶点 u，可以找到一个相应的自映射 f 将 T_v 映射到 T_u，从而回答所有有关顶点 u 的最短路径查询。

这样一来，就需要进一步解决如何为每个非基本顶点选择合适自映射问题。首先，必须指出的是，能够将基本顶点映射到相应的非基本顶点的自映射不一定唯一，如例 6.5 所示。

例 6.5(自映射的选择)　在运行示例中(图 6.2 和表 6.1)，在轨道 Δ_1 中，如果选择 v_1 作为基本顶点，那么自映射 g_1 和 $g_1 g_3$ 都能将 v_1 映射到 v_2。换句话说，v_2 的候选自映射是不唯一的。那么究竟应该选择哪一个呢？

容易验证 $|\mathrm{supp}(g_1)| < |\mathrm{supp}(g_1 g_3)|$。因此，从存储代价的角度来考虑，$g_1$ 是比 $g_1 g_3$ 更优的选择。

一般而言，在一个以顶点 v 为基本顶点的轨道 Δ 中，对于其中的某个非基本顶点 v'，可能存在不止一个将 v 映射到 v' 的自映射。令 $\mathcal{G}_{v \to v'} = \{v^f = v'\}$ 为包含所有将顶点 v 映射到 v' 的自映射的集合。因此，一个重要的问题是从 $\mathcal{G}_{v \to v'}$ 选择一个最佳的自映射来回答有关顶点 v' 的最短路径查询。

根据定理 6.2 可知，能够将非基本顶点映射到基本顶点的自映射均可以用作回答最短路径查询时的自映射。因此，正确性的角度不需要考虑。既然这些自映射最终也将作为索引的一部分，所以这里的主要考虑将是自映射的存储代价。在存储自映射时，为了降低存储代价，只需要存储那些发生了变化的点对。也就是给定自映射 f，存储 $(u, v)(u^f = v$，且 $u \neq v)$ 的顶点对(在具体实现时，可以组织成二叉搜索树，以 u 为键，以 v 为值，从而可以得到 $\log(n)$ 的检索效率，n 表示搜索树的规模)。因此某个自映射 f 的存储代价可以量化为 $\Theta(|\mathrm{supp}(f)|)$。所以，最小的存储代价的自映射，也就是有着最小 $|\mathrm{supp}(f)|$ 值的自映射是我们所期望的。然而，我们推测这一问题是 NP-hard 的。

猜想 6.1(最优的自映射选择)　下面的问题是 NP-hard 的。

实例：给定图 $G(V, E)$，一个正整数 n，顶点 $v, v' \in V$。

问题：是否存在自映射 $f \in \mathcal{G}_{v \to v'}$ 使得 $|\mathrm{supp}(f)| \leqslant n$？

为了有效解决这一问题，在具体实现中使用了 Nauty[147]算法所生成的网络自映射生成集 **Gens**(在本章后面的论述中，若不特别指出，**Gens** 均是指代 Nauty 算法所生成的自映射生成集)。Nauty[47]算法生成的生成集符合一定的特性：**Gens** 中的每个自映射都是不可分解的(indecomposable)(参见文献[147]定理 2.34 的第(1)部分)，因而可以视作不包含冗余的。实验部分将说明，在实践中，上述自映射生成集中的自映射的存储代价是相当低的。因此，如果生成集 **Gens** 中的某个自映射能够将轨道中的基本顶点 v 映射到该轨道中的非基本顶点 v'，就选择该自映射作为将 v' 转换成 v 的自映射。

但是事实上，从 **Gens** 中有可能找不到一个不可分解的自映射 $f \in \mathcal{G}_{v \to v'}$ 直接将一个非基本顶点 v' 映射到相应的基本顶点 v。在这种情况下，必须查询 **Gens** 的自映射的各种可能的乘积。具体的查找过程如算法 6.2 所示。

算法 6.2： getAut (u, v, P)

Input: 两个顶点 u, v

Output: P，自映射序列，该自映射序列的乘积是一个将顶点 u 映射到顶点 v 的自映射

1　foreach $p \in$ **Gens** do

2　　　if $u^p == v$ then

```
3      P = P∪{p}; return true;

4    end

5    if !visited[u^p]  then

6        P = P∪{p};  visited[u^p] = true

7        if  getAut(u^p, v, P) then

8            return true;

9        else

10           P = P - {p}; visited[u^p] = false;

11       end

12   end

13 end
```

在调用算法 6.2 之前，每个顶点的变量 visited 都将被初始化为 false(除了顶点 u)。当搜索过程遇到自映射 p 且 u^p 已经被访问过时，这就意味着在搜索树当前搜索路径中存在一段子路径，该子路径上的自映射的乘积将会保持顶点 $u^p = v$ 不变。假定在当前搜索路径上上一次访问到 v 之后，第一个搜索的自映射是 p_i，那么有 $v_i^{p_i} = v_{i+1}, v_{i+1}^{p_{i+1}} = v_{i+2}, \cdots, v_{j-1}^{p_{j-1}} = v_j = u^{p_j} = v(p_j = p)$ 成立，也就是说 $p_i, p_{i+1}, \cdots, p_j$ 的乘积保持 v 不变。这种情况会使搜索过程无限循环下去，因此一旦判定某个顶点已经在当前搜索路径中访问过，当前搜索路径就可以提前结束。因为必定可以找到一个更短的自映射序列，使之乘积所得的自映射能够将顶点 u 映射到 v。

生成集 **Gens** 中的每种可能的自映射组合都有可能是一个候选的自映射。因此，算法 6.2 在最坏情况下是指数的。然而，我们将在实验部分说明，对于很多真实网络，在大多数情况下可以快速地从 **Gens** 找到需要的自映射。

显然，非基本顶点所需的自映射的累计存储代价为 $O\big((|V(G)| - |\Delta|)\bar{p}\big)$，这里 $|\Delta|$ 表示网络中轨道的数量，$\bar{p}$ 是平均的非基本顶点所需自映射的支持集的大小。在本章的最短路径索引方法中，只需要为每个轨道生成一个 BFS 树，所以所需存储的 BFS 树的空间代价从 $\Theta\big(|V(G)|^2\big)$ 缩小为 $\Theta\big(|\Delta||V(G)|\big)$。因此，本章的方法可以视作针对每个非基本顶点，利用自映射的存储代价换取相应的 BFS 树的存储代价。BFS 树的存储代价为 $\Theta\big(|V(G)|\big)$，而自映射的最坏存储代价也是 $O\big(|V(G)|\big)$。因而，本章的方法是否高效，其关键就取决于真实网络中自映射的支持集的规模。这样一来，需要解决的问题是如何评价 $\bar{p}$ 的大小，并比较其与存储 BFS 树的代价。为了研究这个问题，需要引入局部对称的概念。

定义 6.1(局部对称和全局对称)　图 $G(V,E)$ 是全局对称的，如果存在一个不可分解的自映射 $g \in \mathrm{Aut}(G)$ 使得 $\mathrm{supp}(g) = V(G)$，否则图 G 是局部对称的。

由于网络对称性非常脆弱，局部的结构变化有可能对网络的全局对称性产生重大影响，因此，真实网络一般不可能是全局对称的[34]。因此，问题的关键是刻画网络全局对称或者局部对称的程度。为此，我们定义了度量 φ_G：

$$\varphi_G = \frac{\max_{g \in \mathrm{ID}(G)} \left\{ \left| \mathrm{supp}(g) \right| \right\}}{\left| V(G) \right|}$$

其中，$\mathrm{ID}(G)$ 为图 G 中不可分解的自映射的集合。显然，φ_G 越大，图 G 越接近全局对称。

例 6.6(φ_G)　在图 6.3(a)中，存在一个不可分解的自映射 $f = (v_1, v_2)(v_3, v_4)(v_5, v_6)(v_7, v_8)$ 变换了所有的顶点，因此 $\varphi_{G_1} = 100\%$。在图 6.3(b)中，$\varphi_{G_2} = 50\%$，因为可以找到自映射 $g = (v_1, v_2)(v_3, v_4)$（它是支持集最大的不可分解的自映射）。需要注意的是，图 G_2 中的自映射 $h = (v_1, v_2)(v_3, v_4)(v_7, v_8)$ 虽然比自映射 g 变换了更多的顶点，但是 h 可以分解为两个不相交的自映射之积（g 和 $g' = (v_7, v_8)$），因而不可选作计算 φ_{G_2} 的自映射。

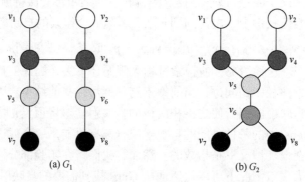

(a) G_1　　　　　　　　(b) G_2

图 6.3　局部对称和全局对称(见文后彩图)

表 6.2 给出了一些真实网络的 φ_G 以及相应的自映射群轨道信息的统计指标。其中，Avg 和 Max 分别表示网络的轨道的平均规模和最大规模。每个真实网络的具体信息请参考文献[146]或者本书前面的章节。从表 6.2 中的数据不难看出，真实网络是非常局部对称的，对于这里测试的所有真实网络，其 φ_G 都在 10^{-3} 甚至 10^{-4} 的数量级上。真实网络的局部对称性说明为每个非基本顶点存储自映射的代价显著小于存储其 BFS 树的代价一般而言要小 3～4 个数量级。考虑到一个不可分解的自映射的支持集的规模最多为 $|V(G)| \cdot \varphi_G$，因此为非基本顶点存储的自映射的存储代价总共为 $O\big((V(G) - |\Delta|)V(G)|\varphi_G\big)$。

表 6.2　真实网络的局部对称统计指标

真实网络	N	$|\Delta|$	r_G/%	M	φ_G/‰	平均规模	最大规模
PPI	1458	1019	69.89	1948	4.11	1.43	46
Yeast	2284	1852	81.09	6646	2.63	1.23	34
Homo	7020	6066	86.41	19811	0.57	1.15	44
P-fei1738	1738	1176	67.66	1876	5.75	1.48	10
Geom	3621	2803	77.41	9461	1.66	1.29	13
Erdos02	6927	2365	34.14	11850	3.46	2.93	142
DutchElite	3621	1907	52.67	4310	2.21	1.90	49
Eva	4475	898	20.07	4652	4.47	4.98	545
California	5925	4009	67.66	15770	1.01	1.48	46
Epa	4253	2212	52.01	8897	0.94	1.92	115
InternetAS	22442	11392	50.76	45550	0.27	1.97	343

6.5　压缩的 BFS 树

事实上，利用网络对称性可以进一步缩小 BFS 树的规模。下面的例子说明了这一问题。

例 6.7(进一步压缩 BFS 树)　在运行示例(图 6.1)中，$\Delta_4 = \{v_5, v_6\}$，$\Delta_5 = \{v_7, v_8, v_9, v_{10}\}$。本例将展示如何利用对称性进一步压缩 BFS 树 T_{v_1}、T_{v_3} 以及 T_{v_4} (图 6.2)。

可通过如下方式压缩 BFS 树：在 BFS 遍历过程中，每个轨道仅选择一个顶点进行遍历，同时保持遍历的顶点在原图上的邻接关系。压缩之后的 BFS 树展示在图 6.4 中。容易验证 v_1 和 v_6 之间的最短路径 P_{v_1, v_6} 可以通过对 v_1 和 v_5 之间的最短路径 P_{v_1, v_5} 施加 g_2 变换而得到。进一步可以验证，从 v_1 到 v_8、v_9、v_{10} 的最短路径可以通过对 v_1 和 v_7 之间的最短路径 P_{v_1, v_7} 分别施加变换 g_3、g_2 以及 $g_3 g_2$ 而得到。

然而，通过观察也可以发现并非所有的轨道都可以按照上述方式进行压缩。例如，在 T_{v_7} 中，轨道 $\{v_5, v_6\}$ 就不可以被压缩，因为很显然 v_7 和 v_5 之间的最短路径长度不同于 v_7 和 v_6 之间的最短路径长度，这就决定了这两条最短路径之间是不可能通过自映射互相转换的。

本节将论述在 BFS 树遍历过程中，某个轨道是否能被压缩取决于其与根轨道(root orbit)之间的可达关系。根轨道是指 BFS 树的根顶点所属的轨道。为了论述这一问题，需要引入轨道邻接性(orbit adjacency)和轨道可达性(orbit reachability)理论。然后，基于此理论，将提出本节的主要索引结构、基于压缩的 BFS 树的索引结构，以及相应的基于此索引结构的最短路径查询算法。

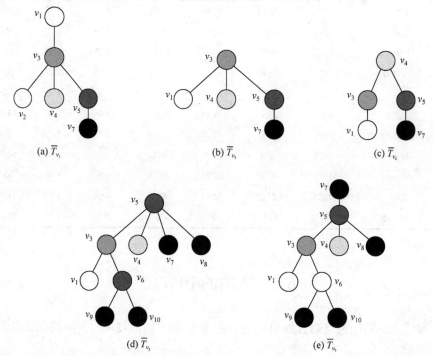

图 6.4　压缩的 BFS 树(见文后彩图)

6.5.1　轨道邻接性和可达性

如果轨道 Δ_i 中的某个顶点与轨道 Δ_j 中的某个顶点相邻接，那么轨道 Δ_i 和轨道 Δ_j 是邻接(adjacent)的。需要注意的是一个轨道可以和其自身邻接。一个轨道序列 $\Delta_1 \Delta_2 \cdots \Delta_k$ 被称作轨道路径(orbit path)，如果对于每个 $1 \leqslant i < k$ 都有 Δ_i 和 Δ_{i+1} 相邻接。如果一条轨道路径中没有重复的轨道，那么这条轨道路径就是简单轨道路径(simple orbit path)。

定义 6.2(轨道之间的强邻接关系)　令 Δ_i 和 Δ_j 为图 G 的两个轨道，对于任意顶点 $v \in \Delta_i$，$N_j(v) = \{(u,v) \in E(G) \mid u \in \Delta_j\}$ 定义为顶点 v 属于轨道 Δ_j 的邻居的集合。轨道 Δ_i 强邻接于(strongly adjacent)轨道 Δ_j，如果对于任意两个顶点 $v, v' \in \Delta_i$ 都有 $N_j(v) = N_j(v')$ 成立。

定义 6.3(轨道之间的强可达关系)　如果存在一条轨道路径 $\Delta_1 \Delta_2 \cdots \Delta_k$ 使得对

于任意 $1 \leqslant i < k$ ，都有轨道 Δ_i 强邻接于轨道 Δ_{i+1} ，那么轨道 Δ_1 对于轨道 Δ_k 是强可达(strongly reachable)的。

引理 6.5(强邻接)　如果轨道 Δ_i 强邻接于轨道 Δ_j ，那么对于任意顶点 $u \in \Delta_i$ ，$N_j(u) = \Delta_j$ 成立。

证明　对于任意顶点 $u \in \Delta_i$ ，$N_j(u) \subseteq u_j$ 。假定存在一个顶点 $y \in \Delta_j$ 但是 y 不属于 $N_j(u)$ ，这意味着顶点 y 不会与 Δ_i 中的任一顶点相邻接。令 $x \in N_j(u)$ 为与 $u \in \Delta_i$ 相邻接的顶点。那么必定存在某个自映射 $f \in \mathrm{Aut}(G)$ 使得 $x^f = y$ 且 $(u,x)^f \in E(G)$ 。因此，有 $u^f \in \Delta_i$ 成立，这意味着 y 邻接于 Δ_i 中的某个顶点。这个结论与假设相矛盾。

根据引理 6.5 很容易得出结论：轨道之间的强邻接关系是对称的。也就是说如果轨道 Δ_i 强邻接于轨道 Δ_j ，必定有轨道 Δ_j 也强邻接于轨道 Δ_i 。引理 6.5 的另一个直接结果是两个强邻接的轨道 Δ_i 和 Δ_j 的导出子图，也就是 $G(\Delta_i \bigcup \Delta_j)$ ，必定是一个完全二分图。

相似地，可以定义轨道之间的弱邻接关系和弱可达关系。

定义 6.4(轨道之间的弱邻接关系)　轨道 Δ_i 是弱邻接(weakly adjacent)于轨道 Δ_j 的，如果存在两个顶点 $u,v \in \Delta_i$ 使得 $N_j(u) \neq N_j(v)$ 。

显然轨道之间的弱邻接关系也是对称的。在简单图(没有自环的图)中，一个轨道总是弱邻接于其自身。

定义 6.5(轨道间的弱可达关系和非弱可达关系)　轨道 Δ_1 对于轨道 Δ_k 而言是弱可达的(weakly reachable)的，如果存在一条轨道路径 $\Delta_1\Delta_2\cdots\Delta_k$ 使得对于任意 $1 \leqslant i < k$ ，Δ_i 弱邻接于 Δ_{i+1} 。否则 Δ_1 对于 Δ_k 而言是非弱可达(not weakly reachable)的。

轨道 Δ_1 对于轨道 Δ_k 而言是非弱可达的意味着，在从 Δ_1 到 Δ_k 的所有轨道路径中，必定存在两个强邻接的轨道。显然非弱可达概念不同于强可达。

轨道之间的弱可达关系可以扩展定义为顶点上的弱可达关系。对于图 G 中的顶点 v ，令 $\mathrm{Orb}(v)$ 为顶点 v 所属的轨道。

定义 6.6(顶点之间的弱可达关系)　对于图 G 中的顶点 u 和 v ，如果轨道 $\mathrm{Orb}(u)$ 相对于 $\mathrm{Orb}(v)$ 而言是弱可达的，那么 u 相对于 v 而言是弱可达的。

基于上述定义，可以进一步探索轨道邻接关系和可达关系的主要性质。在各种轨道中，平凡轨道，也就是只包含一个顶点的轨道，具有很多明显的性质。

引理 6.6(平凡轨道)　对于任意给定的图 G ，图 G 的任意一个平凡的轨道强邻接于与其相邻接的任意轨道。图 G 中的平凡轨道对于任意其他轨道而言都是非弱可达的。

容易验证，定义在轨道集上的弱可达关系以及定义在顶点集上的弱可达关系都是等价关系。因此，可以得到两个相应的划分。利用轨道集上的弱可达关系，可以得到整个图轨道集上的划分 $\overline{\boldsymbol{\Theta}}(G) = \{\overline{\Theta}_1, \overline{\Theta}_2, \cdots, \overline{\Theta}_s\}$。使用顶点集上的弱可达关系，可以得到图顶点集上的划分 $\boldsymbol{\Theta}(G) = \{\Theta_1, \Theta_2, \cdots, \Theta_{s'}\}$。不难证明，对于每个 $\Delta_j \in \boldsymbol{\Delta}(G)$，存在一个 $\Theta_i \in \boldsymbol{\Theta}(G)$ 使得 $\Delta_j \subseteq \Theta_i$。也就是说 $\boldsymbol{\Theta}(G)$ 比 $\boldsymbol{\Delta}(G)$ 更为粗糙(coarser)。轨道上的弱可达关系是等价关系，那么对于任意 i，$\overline{\Theta}_i$ 在轨道弱可达关系下最大的(maximal with respect to weakly reachable relation on orbits)，也就是说不存在某个轨道 Δ_k 相对于某个属于 Θ_i 的轨道而言是弱可达的，而该轨道又不属于 $\overline{\Theta}_i$。

定义 6.7(顶点集上的 $\boldsymbol{\Theta}$ 划分)　$\boldsymbol{\Theta}(G) = \{\Theta_1, \Theta_2, \cdots, \Theta_s\}$ 是定义在图 G 顶点集上的，由顶点集上的弱可达关系导出的划分。

例 6.8($\boldsymbol{\Theta}(G)$)　在图 6.3(b)所示的网络中，$\boldsymbol{\Delta}(G_2) = \{\Delta_1, \Delta_2, \Delta_3, \Delta_4, \Delta_5\}$，此处 $\Delta_1 = \{v_1, v_2\}$，$\Delta_2 = \{v_3, v_4\}$，$\Delta_3 = \{v_5\}$，$\Delta_4 = \{v_6\}$ 以及 $\Delta_5 = \{v_7, v_8\}$。既然 Δ_1 弱邻接于 Δ_2，它们将属于 $\boldsymbol{\Theta}$ 中的同一个等价类。所以有 $\boldsymbol{\Theta}(G_2) = \{\{v_1, v_2, v_3, v_4\}, \{v_5\}, \{v_6\}, \{v_7, v_8\}\}$。

定义 6.8(弱可达区域)　Θ_i 在图 G 中的导出子图称为图 G 的弱可达区域。

令 $A(\Delta_i)$ 为所有不可分解的且将轨道 Δ_i 中的顶点互相映射的自映射集合。也就是 $A(\Delta_i) = \{g \in \mathrm{ID}(G) : u^g = v,$ 对于任意点对 $u, v \in \Delta_i\}$。令 $A(\Theta_i) = A(\Delta_{i_1}) \bigcup A(\Delta_{i_2}) \bigcup \cdots \bigcup A(\Delta_{i_s})$，这里 $\Delta_{i_1} \bigcup \Delta_{i_2} \bigcup \cdots \bigcup \Delta_{i_s} = \Theta_i$。下面的结果告诉我们图中的每个不可分解的自映射只会变换相应的弱可达区域中的部分顶点或全部顶点。

引理 6.7(不可分解自映射的支持集)　对于每个 $g \in A(\Theta_i)$，$\mathrm{supp}(g) \subseteq \Theta_i$。

证明　$S(V)$ 中的任意置换都可以表示为一个环或者不相交的环的乘积[148]。而每个环都可以表达 $S(V)$ 中的某个置换。1-cycle 可以表示单位置换(identity permutation)，所以任意置换 g 都可以分解为 $g = g_1 g_2, \cdots, g_s g_{s+1}, \cdots, g_t$，其中 1-cycle 都可以用单元置换 e 表示。这种置换的分解称为完全分解(complete factorization)。在不考虑分解的因子间的顺序的前提下，这种分解是唯一的[148]。

令 $F(g)$ 为自映射 $g \in \mathrm{Aut}(G)$ 经过完全分解所得到的因子的集合，那么必定存在一个从 $F(G)$ 到 $\boldsymbol{\Delta}(G)$ 的满射(surjective mapping)，且对于任意 $g_i \in F(g)$，$\mathrm{supp}(g_i)$ 必定是图 G 某个轨道的子集。因此，不失一般性，可以假定 $\mathrm{supp}(g_1) \bigcup \mathrm{supp}(g_2) \bigcup \cdots \bigcup \mathrm{supp}(g_s) \subseteq \Theta_i$ 且 $\mathrm{supp}(g_{s+1}) \bigcup \mathrm{supp}(g_{s+2}) \bigcup \cdots \bigcup \mathrm{supp}(g_t) \subseteq V - \Theta_i$。

令 $g \in A(\Theta_i)$，如果 $\mathrm{supp}(g)$ 不是某个轨道 Θ_i 的子集，那么 $g'' = g_{s+1}, \cdots, g_t \neq e$。令 $g' = g_1 g_2 \cdots g_s$，那么 $g = g'' g'$ 且 $\mathrm{supp}(g') \bigcap \mathrm{supp}(g'') = \varnothing$。下面将先证明 g' 是图 G 的一个自映射。

先将边集 E 划分为三个不相交的子集：$E = E_1 \bigcup E_2 \bigcup E_3$，使得 E_1 是 Θ_i 导出子图中的边，$E_2 = \{(v_1, v_2) \in E \mid v_1 \in \Theta_i, v_2 \in \Delta_k, \Delta_k \in \overline{\Theta} - \overline{\Theta}_i$ 且强邻接于某个 $\Delta_j \in \overline{\Theta}_i\}$ 包

含所有的介于 Θ_i 和那些与 $\overline{\Theta}_i$ 中的某个轨道强邻接的轨道之间的边，E_3 为图 G 中除了 E_1 和 E_2 之外的边。

接下来论证 $E_1^{g'} = E_1$。如果等式不成立，必定存在某条边 $(v_1, v_2) \in E_1$ 使得 $(v_1, v_2)^{g'} \notin E_1$。注意到 g' 仅仅在 $\overline{\Theta}_i$ 范围内变换顶点。因此，$(v_1, v_2)^{g'}$ 将属于 $E - E_1$，结果有 $(v_1, v_2)^{g'} \notin E$ 成立。既然其他环仅在 $V - \Theta_i$ 范围内变化顶点，$(v_1, v_2)^g = (v_1, v_2)^{g'}$ 等式成立。这样一来，$(v_1, v_2)^g$ 不会属于 E。因此，g 不是图 G 的自映射。

E_2 可以划分为不相交的子集 $E_{2_1} \bigcup E_{2_2} \bigcup \cdots \bigcup E_{2_m}$，其中每个 E_{2_i} 是某两个轨道之间的边集 (Δ_i, Δ_j)，此处 Δ_i 是 Θ_i 的轨道而 Δ_j 是某个与 Δ_i 强邻接的轨道。根据轨道强邻接的定义，容易得到如下结论：对于每个 E_{2_i}，$E_{2_i}^{g'} = E_{2_i}$，所以，$E_2^{g'} = E_2$ 成立。

如果 Δ_k 与 Θ_i 中任意一个轨道都是弱邻接，那么 Δ_k 将属于 Θ_i。因为每个 $\Theta_i \in \Theta$ 在轨道弱可达关系下都是最大的。因此，如果 Δ_k 与 Θ_i 中的某个轨道相邻接，那么 Δ_k 必定会与 Θ_i 某个轨道强邻接。因此，E 中的那些一端的顶点在 Θ_i 中的边必定被完全包含在 E_2 中（E 中那些两个端点都在 Θ_i 中的边被包含在 E_1 中）。所以，E_3 中的顶点与 Θ_i 中的顶点不相交。因此，$E_3^{g'} = E_3$ 成立。

既然对于每个 $i = 1, 2, 3$，都有 $E_i^{g'} = E_i$ 成立。如下等式成立：$E^{g'} = (E_1 \bigcup E_2 \bigcup E_3)^{g'} = E_1^{g'} \bigcup E_2^{g'} \bigcup E_3^{g'} = E_1 \bigcup E_2 \bigcup E_3 = E$。因此，$g'$ 是图 G 的一个自映射。

既然 g' 是图 G 的自映射，且 $\mathrm{Aut}(G)$ 是一个群，容易得到 g'^{-1} 也是图 G 的一个自映射。因此，$g'' = gg'^{-1}$ 也是图 G 的自映射。再根据 $\mathrm{supp}(g') \bigcap \mathrm{supp}(g'') = \varnothing$，$g'' \neq e$ 可以得出结论：g 是一个可分解的自映射。这一结论与给定的条件假设 $g \in A(\Theta_i)$ 相悖。

根据引理 6.7，可以得到不可分解自映射的一个重要性质。

引理 6.8 $A(\Theta_i)$ 和 $A(\Theta_j)(i \neq j)$ 是支持集不相交的，$A(\Delta_i)$ 和 $A(\Delta_j)$ 是支持集不相交的，如果 $\Delta_i \subseteq \Theta_m, \Delta_j \subseteq \Theta_n$ 且 $m \neq n$。

现在可以刻画在生成压缩的 BFS 树时，什么样的轨道可以被压缩，从而只需选择其中一个顶点作为代表点即可。

定理 6.3(轨道压缩的条件) 令 $i \neq j$，属于轨道 Δ_i 的某个顶点和属于轨道 Δ_j 的某个顶点之间的最短路径的长度是常量，如果下面的某一个条件得到满足。

(1) $A(\Delta_i)$ 和 $A(\Delta_j)$ 是支持集不相交的。

(2) $\Delta_i \subseteq \Theta_m$，$\Delta_j \subseteq \Theta_n$ 且 $m \neq n$。

(3) Δ_i 对于 Δ_j 而言是非弱可达的。

证明 考虑顶点 $u_1, u_2 \in \Delta_i$ 和 $v_1, v_2 \in \Delta_j (i \neq j)$。存在自映射 $g_1 \in A(\Delta_i)$ 和

$g_2 \in A(\Delta_j)$ 使得 $u_1^{g_1} = u_2, v_1^{g_1} = v_2$ 且 $\mathrm{supp}(g_1) \bigcap \mathrm{supp}(g_2) = \varnothing$。为了说明第一个条件是充分的,需要证明 u_1 和 v_1 之间的最短路径 P_{u_1,v_1} 与 u_2 和 v_2 之间的最短路径 P_{u_2,v_2} 有着相同的长度。这很容易根据引理 6.3 得到。

由条件(2)可以推得条件(1),从而使得条件(2)也是充分的。条件(3)等价于条件(2)。

定理 6.3 给出了轨道之间的最短路径长度是个独立于轨道中顶点的选择的常量的足够充分的条件。然而,需要指出的是这些条件并非必要条件。也就是说这些条件过于严格,事实上应该存在更为宽松的条件。但是,刻画这种松弛的条件并非易事。而在本章的实际应用中,也就是最短路径索引问题中,定理 6.3 刻画的条件已经足够高效且能保证无损地压缩 BFS 树。所谓无损地压缩 BFS 树,是指给定任意顶点对 (s,t),至少一条 s 与 t 之间的最短路径 P_{st} 可以被映射到压缩的 BFS 树 $\overline{T}_{s'}$ 中的某个最短路径 $P_{s't'}$,且满足在适当的自映射 g 的作用下,$s^g = s'$,$t^g = t'$。

需要注意的是对于弱可达区域的轨道,它们之间的最短路径长度不一定是常量。例如,图 6.3(b)所示的网络中,轨道 $\Delta_1 = \{v_1, v_2\}$ 弱邻接于 $\Delta_2 = \{v_3, v_4\}$。很容易验证 $d(v_1, v_3) \neq d(v_1, v_4)$,这意味着 $d(\Delta_1, \Delta_2)$ 并非常量。

引理 6.9 令 g 为图 G 的一个不可分解的自映射,令 $\mathbf{Orb}(g)$ 为支持集 $\mathrm{supp}(g)$ 中的顶点所属的轨道的集合。如果 $|\mathbf{Orb}(g)| > 1$,$\mathbf{Orb}(g)$ 中的轨道相互之间是弱可达的。

证明 只需要证明 $\mathbf{Orb}(g)$ 是某个 Θ_i 的子集。根据引理 6.7,$\mathrm{supp}(g) \subseteq \Theta_i$,因此,$\mathbf{Orb}(g)$ 所有轨道都在 Θ_i 中。

6.5.2 压缩的 BFS 树

在一个从顶点 u 开始的宽度优先搜索过程中,当遍历到顶点 v 时,轨道 $\mathrm{Orb}(v)$ 是否可以被压缩取决于轨道 $\mathrm{Orb}(u)$ 和 $\mathrm{Orb}(v)$ 之间的可达关系。定理 6.3 论述了当 $\mathrm{Orb}(v)$ 相对于 $\mathrm{Orb}(u)$ 而言是非弱可达时,$\mathrm{Orb}(v)$ 可以被压缩。令 $\mathrm{WR}(u)$ 为所有轨道 $\mathrm{Orb}(u)$ 弱可达的轨道的集合。当轨道 $\mathrm{Orb}(v)$ 弱可达到轨道 $\mathrm{Orb}(u)$ 或者 $\mathrm{Orb}(v) \in \mathrm{WR}(u)$,$\mathrm{Orb}(v)$ 不可被压缩。

基于上面的论述,定义压缩的(compact)BFS 树如下。

定义 6.9 图 G 的一个压缩的 BFS 树 $\overline{T}_u$,是以顶点 u 为根的宽度优先搜索树。在搜索过程中,对于每个 $\mathrm{Aut}(G)$ 中的那些非弱可达到 $\mathrm{Orb}(u)$ 的轨道,仅有一个顶点被选择遍历。

生成压缩的 BFS 树的过程如算法 6.3 所示。在算法执行之前,对于每个顶点 u,变量 visited[u] 和 orbit visited[$\mathrm{Orb}(u)$] 被初始化为 0,表示所有顶点以及相应的轨道都未被访问过。这一初始化过程在算法 6.3 中省略了。当 $\mathrm{Orb}(u)$ 是一个平凡的轨道时,$\mathrm{Orb}(v)$ 必定是非弱可达到轨道 $\mathrm{Orb}(u)$(根据引理 6.6),此时 $\mathrm{Orb}(v)$ 将被压缩

(代码行 15～19)。当轨道 Orb(u) 是非平凡的时，如果 Orb(v) ∈ WR(u) ，Orb(v) 是弱可达到 Orb(u) ；否则 Orb(v) 是非弱可达到轨道 Orb(u) 。

算法 6.3: CompactBFS (u)

　　Input: 顶点 u ；

　　Output: 压缩的 BFS 树 $\overline{T}_u$

1 if $|Orb(u)| > 1$ then

2　　WR(u) ← WeaklyReachableOrbits(Orb(u));

3 end

4 que.push(u) ;

5 visted[u]=1

6 while! que.empty() do

7　　w ← que.pop() ;

8　　foreach $v \in$ Neighbours(w) do

9　　　　if $|Orb(u)| > 1$ and $Orb(v) \in WR(u)$ then

10　　　　　if !visited$[v]$ then

11　　　　　　　visited$[v]$=1 ;

12　　　　　　　que.push(v) ;

13　　　　　end

14　　　　else

15　　　　　if !visited$[v]$ and !orbit_visited$[Orb(v)]$ then

16　　　　　　　visited$[v]$ = 1 ;

17　　　　　　　orbit_visited$[Orb(v)]$ = 1 ;

18　　　　　　　que.push(v) ;

19　　　　　end

20　　　end

21　end

22 end

例 6.9(压缩的 BFS 树)　图 6.4 中展示了针对运行示例的所有的压缩的 BFS 树。

　　使用压缩的 BFS 树，所有的到根轨道是非弱可达的轨道都将被压缩。而在

最好情况下，所有的轨道到根轨道都是非弱可达的，此时压缩的 BFS 树的存储代价为 $\Theta(|\Delta|)$。考虑自映射的存储代价 $O((|V(G)|-|\Delta|)|V(G)|\varphi_G)$，有如下结论成立。

定理 6.4　对于图 G，算法 6.3 构建的压缩的 BFS 树的存储代价为 $O(|\Delta||V(G)|+\alpha)$，这里 $\alpha=(|V(G)|-|\Delta|)|V(G)|\varphi_G$。

6.5.3　基于压缩的 BFS 树的最短路径查询回答

给定顶点对 u 和 v，为了查找它们之间的最短路径，关键在于找到将 u 变换为 u' 以及将 v 变换为 v' 的自映射，且 $P_{u',v'}$ 是存在于压缩的 BFS 树 $\overline{T}_u$ 中的路径。然后，只需要对路径 $P_{u',v'}$ 施加相应的自映射变换就可以恢复 u 和 v 之间的最短路径 $P_{u,v}$。算法 6.4 展示了上述过程。具体而言，需要区别对待 $\mathrm{Orb}(u)$ 和 $\mathrm{Orb}(v)$ 之间两种可能的可达关系。如果轨道 $\mathrm{Orb}(u)$ 和轨道 $\mathrm{Orb}(v)$ 到彼此是弱可达的，必定可以找到一个自映射 f 同时变换顶点 u 和 v。否则需要找到两个不同的自映射分别变换顶点 u 和 v。这两个自映射的乘积正是最终要找的自映射。

令 $\mathrm{rep}(u)$ 为轨道 $\mathrm{Orb}(u)$ 的基本顶点。当 $u=u'$ 时，f_u 是单位置换 e，e 不会使任何顶点发生改变。如果 $P_{u,v}\in\overline{T}_u$（代码行 8），可以直接得到最短路径而不需要任何额外的操作（代码行 9 和 10）。如果 $P_{u,v}$ 不出现在 $\overline{T}_u$ 中，$\mathrm{Orb}(v)$ 必定非弱可达到轨道 $\mathrm{Orb}(u)$。此时，需要找到 $\overline{T}_{u'}$ 中能够映射到 $P_{u,v}$ 的最短路径以及相应的自映射 f_v（代码行 12～19）。当 $u\neq u'$ 且 $v\neq v'$（代码行 4）时，轨道 $\mathrm{Orb}(u)$ 和 $\mathrm{Orb}(v)$ 相互之间是弱可达的[①]，那么 f_u 就是目标自映射。否则，也就是 $u\neq u'$ 且 $v=v'$，轨道 $\mathrm{Orb}(v)$ 必定是非弱可达到轨道 $\mathrm{Orb}(u)$，那么仍需要执行代码行 12～19。为了从 BFS 树中查找某条路径（这正是函数 readpath() 的功能），只需要为压缩的 BFS 树中的每个顶点存储一个父指针，然后递归地读取当前节点的父节点直到根节点即可。

例 6.10(查询回答)　本例将展示基于压缩的 BFS 树的最短路径查询过程。针对运行示例图，我们将尝试从压缩的 BFS 树 $\overline{T}_{v_1}$ 中查找顶点 v_2 和 v_9 之间的最短路径。按照算法 6.4 所示的过程，首先需要找到将顶点 v_2 变换到其所在的轨道的基本顶点 $\mathrm{rep}(v_2)=v_1$ 的自映射。从表 6.1 可知 g_1 正是所需的自映射。容易验证 v_9 在 g_1 作用下保持不变。因此，代码行 12～19 将被执行。既然不知道在生成压缩的 BFS 树时轨道 $\mathrm{Orb}(v_9)$ 中的哪一个顶点被选择遍历，必须尝试该轨道中的每一个

---

① 引理 6.9 告诉我们不可分解的自映射的支持集中的顶点所在的轨道必定是弱可达到彼此。这里，在具体实现时，f_u 总是从 $\mathrm{Aut}(G)$ 的生成集(Gens)选择。注意到这个生成集是由 Nauty 计算得到的，这个生成集的一个重要特征就是其中的每个自映射都是不可分解的[147]。

顶点(代码行 12)。结果，我们发现 $P_{v_1v_7}$ 是 $\overline{T}_{v_1}$ 物化的路径，且将顶点 v_9 和 v_7 映射到彼此的自映射是 g_2。最终，将自映射 $g_1^{-1}g_2^{-1}$ 作用到 $v_1v_3v_5v_7$ 上从而得到顶点 v_2 和 v_9 之间的最短路径，也就是 $v_2v_3v_6v_9$。

算法 6.4： QueryShortestPath (u,v)

Input: 源顶点 u；目标顶点 v；

Output: 从 u 到 v 的一条最短路径 P_{uv}；

1 $u' \leftarrow \mathrm{rep}(u)$；

2 Let $f_u \in G_{u \to u'}$；

3 $v' \leftarrow v^{f_u}$；

4 if $u'! = u$ and $v'! = v$ then

5      $P_{u'v'} \leftarrow \mathrm{readpath}(\overline{T}_{u'}, v')$；

6   return $P_{u'v'}^{f_u^{-1}}$；

7 else

8   if $u' = u$ and $P_{uv} \in \overline{T}_u$

9          $P_{uv} \leftarrow \mathrm{readpath}(\overline{T}_u, v)$；

10   return P_{uv}；

11   end

12   for each $w \in \mathrm{Orb}(v)$ do

13          $v' \leftarrow w$；

14          $f_v \in G_{v \to v'}$；

15   if $P_{u'v'} \in \overline{T}_{u'}$ then

16             $P_{u'v'} \leftarrow \mathrm{readpath}(\overline{T}_{u'}, v')$；

17   return $P_{u'v'}^{f_u^{-1}f_v^{-1}}$；

18   end

19   end

20 end

作为另一个例子，我们考察查询顶点 v_6 和 v_8 之间的最短路径的过程。从表 6.1 可知在自映射 g_2 作用下，顶点 v_5 可以被映射到顶点 v_6；顶点 v_8 被映射到 v_{10}。从而使得代码行 4 的条件得到满足，这一条件的满足意味着轨道 $\mathrm{Orb}(v_6)$ 和 $\mathrm{Orb}(v_8)$ 彼此之间是弱可达的。因此，$P_{v_5v_{10}}$ 必定存在于 $\overline{T}_{v_5}$ 中。容易得到这条最短路径为 $v_5v_3v_6v_{10}$。然后，将自映射 g_2^{-1} 作用于 $v_5v_3v_6v_{10}$，得到路径 $v_6v_3v_5v_8$，正是所查询的最短路径。

当给定的待查询的点对中的两个顶点属于两个相互间满足非弱可达关系的轨

道时，算法 6.4 需要消耗最多的时间。这种情况恰好是算法 6.4 的最坏情况。路径 $P_{u'v'}$ 是否存在于 $\bar{T}_{u'}$ 中，可以在常量时间内判断。事实上，为每个压缩的 BFS 树中遍历的顶点建立哈希表，从而在常量时间内判定某条路径是否存在于压缩的 BFS 树中。算法 6.4 的时间代价是 $O(|\mathrm{Orb}(v)|)$。也就是说，查询回答的算法的时间代价取决于轨道的长度。表 6.2 给出了一些真实网络中的平均轨道长度(Avg)和最大轨道长度(Max)。从表中的数据容易看出，绝大多数真实网络的平均轨道长度小于 2。因此，利用压缩的 BFS 树可以做到实时地回答最短路径查询。

事实上，为了做到严格的常量时间复杂性的查询回答，也可以在 BFS 过程中，记录下每个轨道中访问的顶点，并将这部分信息作为索引的一部分。这样一来，可以直接访问在 $\bar{T}_{u'}$ 得到物化的 $P_{u'v'}$，而不再需要像代码行 12 那样去尝试轨道中的每个顶点。显然这一策略可以做到在 $O(1)$ 时间代价内回答最短路径查询。但是，需要为此付出额外的空间代价 $O(|\Delta\|V(G)|)$。考虑到真实网络大都是局部对称的，且轨道长度相对较小的事实，在这里利用查询时间性能上的微小损失换取 $O(|\Delta\|V(G)|)$ 空间的节省是合理的。

6.6　实　验　结　果

在实验部分，用 C++实现了本章所有的算法，在 Windows XP Professional 操作系统上完成了所有实验，PC 的物理配置为 Intel Pentium 2.0 GHz CPU 和 2GB 内存。

本章的索引结构的空间代价主要包括两部分：一部分是压缩的 BFS 树的规模，记作 TSize；另一部分是做镜像用的自映射的规模 PSize。索引的创建时间也包含两部分：寻找非基本顶点和基本顶点之间的自映射的时间，记作 t_1；为所有的基本顶点生成压缩的 BFS 树的时间，记作 t_2。

为一个一般的网络有效地索引最短路径仍然是一件具有挑战性的开放问题。据我们所知，目前为止还没有有效的方法。因此，本节的实验选择了为每个顶点生成 BFS 树的直接方法作为比较的基准。

6.6.1　真实网络中的实验结果

实验中使用的真实网络数据包括生物网络(PPI、Yeast 和 Homo)、社会网络(P-fei1738、Geom、Erdos02、DutchElite 和 Eva)、信息网络(California 和 Epa)以及技术网络(InternetAS)等。这些网络数据在前面的章节都已用到。网络的基本统计指标显示在表 6.2 中。这里选用的所有网络都有一定程度的对称性。首先展示基于压缩的 BFS 树的索引结构进行的最短路径查询效率显著高于直接进行宽度优先搜索回答最短路径的方法。表 6.3 显示了基于索引的查询的加速程度。对于每个真实网络，随机采样 10000 个顶点对，对每个顶点对进行最短路径查询。表中的查询时间是 10000 个顶点对的平均查询时间。为了比较，也给出了不用索引，即时地对网络进行 BFS 展开回答最短路径查询的时间。虽然每个网络都能存储于内存，基于压缩的 BFS 树的查询回答仍然显著快于即时的 BFS 查询回答，约快一个数量级。

表 6.3　基于压缩的 BFS 树的最短路径查询

图网络	P-fei1738	Geom	Epa	DutchElite	Eva	California	Erdos02	PPI	Yeast
压缩 BFS 树/ms	0.0266	0.0219	0.0250	0.0282	0.0438	0.0235	0.0265	0.0235	0.0203
无索引/ms	0.3468	0.9	0.9906	0.7954	0.8844	1.3937	1.5297	0.3125	0.5203
speedup $= \dfrac{\text{time}_{\text{no index}}}{\text{time}_{\text{compact BFS-tree}}}$	13.04	41.10	39.62	28.21	20.20	59.31	57.72	13.30	25.63

表 6.4 针对真实网络比较了原始的 BFS 树的规模(不做压缩)和压缩的 BFS 树的规模。在表中，压缩比(compression rate)定义为 $r_c = \dfrac{\text{压缩的BFS树索引规模}}{\text{BFS树索引规模}}$，时间比定义为 $r_t = \dfrac{T_{\text{BFS}}}{T_{\text{compBFS}}}$ 容易看出，压缩的 BFS 树的规模显著小于原始的 BFS 树的规模。在最好的网络(Eva)中，压缩的 BFS 树索引规模仅占未压缩的 BFS 树规模的 4.8%。需要注意的是在表 6.4 中，TSize 的单位为兆字节，而 PSize 的单位为千字节。在绝大多数测试的网络中，自映射的存储代价至少两个数量级地小于压缩的 BFS 树的规模。这充分说明了基于轨道的压缩策略——尽可能存储自映射以生成一棵 BFS 树而非直接存储 BFS 树的正确性和有效性。

表6.4　真实网络数据上的压缩比率和索引构建时间

图网络	索引规模					索引创建时间/s				
	BFS 树/MB	TSize/MB	PSize/KB	压缩 BFS 树/MB	r_c	BFS 树	t_1	t_2	压缩 BFS 树	r_t
PPI	12.1637	5.9442	9.88	5.954	48.9%	0.992	0.454	1.093	1.547	64%
Yeast	29.8500	19.4382	7.52	19.4457	65.1%	2.641	3.797	3.781	7.578	35%
Homo	281.9847	210.556	18.2	210.574	74.7%	26.969	1.485	52.5	53.985	50%
P-fei1738	17.2843	7.9168	7.5	7.9243	45.8%	1.219	0.438	2.25	2.688	45%
Geom	75.0254	44.9619	8.8	44.9907	59.97%	6.61	0.549	14.265	14.859	44%
Erdos02	274.5628	32.031	238.5	32.2695	11.8%	29.688	78.531	11.922	90.453	33%

续表

图网络	索引规模					索引创建时间/s				
	BFS 树/MB	TSize/MB	PSize/KB	压缩 BFS 树/MB	r_c	BFS 树	t_1	t_2	压缩 BFS 树	r_t
DutchElite	75.0254	20.819	36.83	20.8559	27.8%	5.515	5.875	7.812	13.687	40%
Eva	114.5876	4.6354	909	5.5447	4.8%	7.656	287.422	2.11	289.532	3%
California	200.876	91.9763	49.68	92.026	45.8%	18.843	8.578	25.516	34.094	55%
Epa	103.5004	28.0094	189.8	28.1992	27.2%	9.344	31.156	5.984	37.14	25%
InternetAS	2881.8704	742.658	1416.78	744.07478	25.8%	347.891	1258.97	450.672	1709.64	20%

表 6.4 给出了索引的创建时间数据。从表中可以看出创建压缩的 BFS 树所消耗的时间比创建不压缩的 BFS 树长。但是，既然索引创建是离线完成的，这一代价是可以接受的。而且，索引一旦创建可以多次使用。需要进一步指出的是，网络越对称，创建压缩的 BFS 树的时间越长。在 Eva，一个非常对称的网络中，为非基本顶点寻找合理的自映射的时间(t_1)消耗了整个索引创建的大部分时间。

为了理解索引的压缩比率和网络对称性之间的关系，我们绘制了图 6.5。显然，可以用 $r_G = \dfrac{|\Delta|}{|V(G)|}$ 表达图 G 对称的程度，这里 Δ 是图中轨道的集合。显然 r_G 越小，网络越对称。从图 6.5 可以明显观察到，网络越对称，基于压缩的 BFS 树索引结构的压缩比越小，也就是所需的索引空间越小。

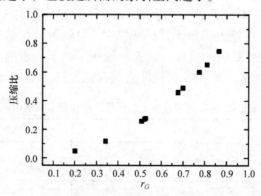

图 6.5 真实网络的对称性和压缩比之间的关系

6.6.2 模拟数据集上的实验结果

为了测试本章的索引方法的伸缩性(scalability)，本节根据 BA 模型[26]——一个广泛应用于模拟真实网络结构的模型，生成了模拟网络。在 BA 模型的增长过

程中，当一个新顶点 u 加入网络中时，顶点 u 随机地链接到 k 个已经存在于网络中的顶点。BA 模型的核心是，新加入网络的顶点 u 与网络中的某个已经存在的顶点 v 间的链接概率正比于顶点 v 的度数。最终生成的网络的平均度数为 $2k$。在图 6.6 所示的实验中，设置 $k = 1.1$，以 1000 步长，逐步递增，依次生成规模从 1000 到 10000 不等的网络。图 6.6(a)绘制了生成的模拟网络的 $r_G = \dfrac{|\Delta|}{|V(G)|}$ 值。可以看出生成的这些模拟网络都有着相似的 r_G 值。因此，这些网络可以认为有着相似程度的对称性。

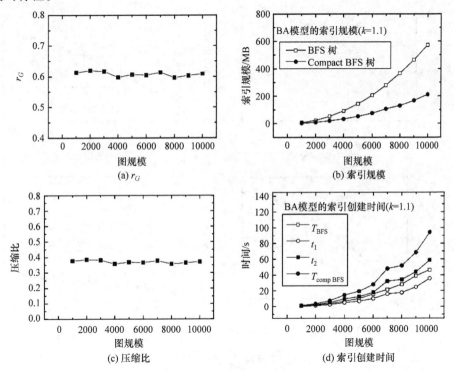

图 6.6　在网络规模方面的可伸缩性

在图 6.6(b)中，对于这些有着相似程度对称性的网络，我们比较其不压缩的 BFS 树的规模和压缩的 BFS 树的规模。如图 6.6(b)所示，未压缩的索引与压缩之后的索引规模的差异随着图规模的增长而增长。如图 6.6(c)所示，当网络规模增大时，压缩比基本保持常量。这说明，基于压缩的 BFS 树的索引结构在网络规模较大时也可以取得较好的压缩质量。

在图 6.6(d)中，我们给出了：t_1，也就是寻找非基本顶点的自映射的时间；t_2，也就是生成压缩的 BFS 树的时间。可以看出，构造压缩的 BFS 树需要消耗更多的时间。但是，与上面真实网络的实验讨论一样，在离线情况下这是允许的。

为了研究对称性对于压缩的 BFS 树的影响，我们生成了符合相似链接模式[99]的对称网络。该模型的细节参见第 3 章。该模型通过一个参数 α 控制生成的网络的对称程度。在实验中，所有网络的规模固定在 5000 个顶点，通过调节参数 α，使之从 0 以 0.05 为步长增长到 1，从而使生成的网络有着相同的规模而不同的对称性。生成的网络的平均度数被控制在 2.92。图 6.7(a)显示了生成的各个网络的对称性(r_G)和参数 α 之间的关系。显然，α 越小，r_G 越小，网络越对称。

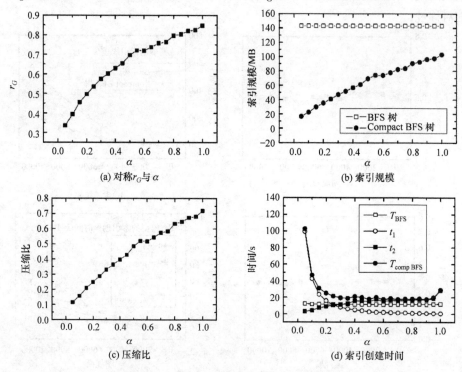

图 6.7　对称性对于压缩的 BFS 树的影响

图 6.7(b)对比了压缩的 BFS 树和不压缩的 BFS 树的规模与参数 α 之间的关系。图 6.7(c)显示了以压缩的 BFS 树作为索引的压缩比与参数 α 之间的关系。容易得出结论，网络越对称，压缩比越低，以压缩的 BFS 树作为索引结构就显得越有效。同时，也可以观察到，当 $\alpha = 1(r_G > 0.8)$，也就是网络对称性很低时，压缩的 BFS 树仍然可以取得小于 80%的压缩比。这表明，很少的非平凡的轨道也能取得一定的压缩效果。

图 6.7(d)显示了索引创建时间与参数 α 之间的关系。当生成的网络高度对称时(也就是当 α 很小时)，压缩的 BFS 树的构建需要较多的时间。然而当 α 增长时，

压缩的 BFS 树的构造时间迅速降低并趋于常量。这一常量基本上与原始的 BFS 树索引构造时间相当。在真实网络中，大网络通常是局部对称的，而远离全局对称。这一事实使得在真实应用中，离线的压缩的 BFS 树的构造过程所消耗的时间代价并不比原始的 BFS 树的构造多消耗多少时间。因而，基于压缩的 BFS 树的索引方法在真实应用中显得更加可行。

　　总而言之，本节的实验结果清楚地说明了本节的主要策略：充分利用图结构对称性，以压缩的 BFS 树作为最短路径索引，是可行的、高效的。此外，压缩的 BFS 树的构建作为离线的过程，其时间消耗也是合理的、可以接受的。使用压缩的 BFS 树，可以实时地回答最短路径查询，可以取得相对于即时的 BFS 查询而言 10 倍以上的查询效率。

6.7　相关工作

　　最为有名的也是最为常用的最短路径算法是 Dijkstra 算法[149]。当使用基于堆结构的优先队列时，这一算法可以取得较好的性能[1]。此外，也存在一些更快的算法，这些算法充分利用了实际最短路径问题中的特定约束，如边上权重的约束等[150]。然而，这些算法的一个共同的前提就是假定整个图的信息都可以存储在内存中。但事实上现实应用中，存在大量的较大规模的超出内存容量的网络。为了解决不能完全放在内存中的大图的最短路径查询问题，Agrawal 和 Jagadish[151]首次提出了图分区和物化的思路。最近的一份研究[152]针对物化的数据能够存储于内存的情况，提出了一个有效的算法。所有这些工作都侧重于直接提高最短路径查询算法的性能，而忽视了利用物化最短路径的技术手段解决这一问题的可能。因此，当网络足够大时，这些方法都无法做到实时地回答最短路径查询。

　　最近，Samet 等[153]针对空间网络提出了查询 k 最近邻的相关方法。他们同样也采用了预先计算所有最短路径的思路。不同的是他们将预计算的最短路径组织为四分树，这一数据结构严重依赖于空间网络的特定性质——空间相干性。他们并未研究针对一般网络而不是空间网络的最短路径索引方法。我们认为他们的方法与本章的方法有一定的互补性，作为进一步工作，如何将网络对称性集成到 Samet 等[153]的算法框架，将是一件值得研究的工作。

　　现有的图查询研究工作中，可达性查询(reachability queries)是与最短路径查询最为密切相关的。不同之处在于可达性查询只需回答给定的点对之间是否存在某条可达路径，而最短路径查询不仅需要回答是否存在路径，还需要给出一个最短路径。最简单的回答可达性查询问题的方法是对图进行 DFS 或 BFS 搜索[1]。同样，这种策略对于大图无法做到实时地回答。所以现有的可达性查询较多地使用了预先计算的策略。一个简单的预先计算策略是计算所有的传递闭包。虽然存在有效的算法计算关系数据库中的传递闭包[154, 155]，但是传递闭包的存储代价仍是 $O(n^2)$，且其时间代价为 $O(n^3)$。较高的计算代价使得传递闭包方法对于大图并不适用。各种回答可达性查询的索引因此被相继提出[156-160]，这些索引结构都取得了比基于传递闭包的物化方法相对较好的性能。

最近，真实网络的结构对称性在复杂网络领域吸引了一定的研究兴趣[34, 68, 99, 146]。相关工作在前几章已经论述，这里不再赘述。就我们所知，本章的内容第一次尝试将图结构对称性应用到图上的最短路径索引以及最短路径查询中。

6.8　本章小结

最短路径查询在很多应用中十分重要。本章研究了如何利用图的对称性建立最短路径索引，并以此为基础实现实时的最短路径查询回答；设计了压缩的 BFS 树，以此作为最短路径查询的索引结构；真实网络数据和模拟网络数据上的大量实验说明基于压缩的 BFS 树的索引结构在回答最短路径查询时是高效的，也可以有效地创建。

值得注意的是，自映射等价的顶点之间的结构等价性不仅仅体现在最短路径上。事实上，结构等价的顶点在几乎所有常见的顶点度量下都有着相同的取值，这些常见的度量包括聚集系数以及介数(betweenness)等[34]。更进一步，结构等价的顶点在更广义的结构方面也体现出等价性，如到其他顶点的可达性、以该顶点为根的 DFS-tree、该顶点的邻居图(neighborhood graph)等。这就启发我们，对称性绝不仅仅适用于最短路径查询。因此，作为进一步的研究工作，探索将对称性应用于其他图查询问题将十分有意义。

此外，如何将压缩的 BFS 树的索引方法扩展到有权和有向的最短路径查询问题中也是一件具有挑战性的有待进一步研究的问题。另一个需要指出的问题是，虽然 Nauty 是目前已知的最为高效的计算网络对称性的程序，但它的计算能力仍然有限。不使用额外的特殊技术，其计算上限是 20000 个顶点规模的网络。而真实网络是局部对称的事实，为提高 Nauty 算法的扩展性提供了希望，这也将是本章内容的一个十分重要的后续工作。这些后续工作将在第 7 章详细讨论。

第 7 章　总结与展望

需要指出的是，网络对称性的理论及应用研究还处于起步阶段，这套理论在数据管理等领域的应用推广还有着漫长的道路。我们仍面临很多具有挑战性的任务。本章将总结本书的工作，评述现有网络对称性研究工作的局限性，并讨论相应的解决方案，最后给出进一步的研究框架。

7.1　总　　结

本书就普遍存在于各种真实网络中的结构对称性及其在数据管理问题中的应用展开深入研究。具体而言，通过真实网络对称子结构的统计分析，找到了真实网络对称性产生的机制——相似链接模式，并提出了相应的对称网络生成模型。针对基于节点度信息的结构熵度量不能准确刻画网络异构性的问题，将网络对称性应用于网络异构性度量，提出了基于自映射分区的结构熵，提高了网络异构性度量的合理性和准确性。针对现有基于结构的图距离度量精度不高的问题，提出了基于子结构信息的图距离度量，并将其应用于人群结构分析中。将网络对称性应用于网络的约简表达，通过压缩结构冗余信息，得到了能够保持真实网络重要性质的结构骨架——网络商；并将网络商成功地应用于社会网络隐私保护问题中。将网络结构对称性应用于图数据管理问题，在这一问题的研究中，系统地发展了局部对称理论、轨道邻接性理论，探索了自映射作用下子结构的性质，为结构对称性在图数据管理一般问题中的应用奠定了理论基础；并针对最短路径索引空间开销较大的问题，提出了具体的解决方案，理论分析和大量实验结果表明利用网络对称性可以在保证查询性能的前提下，显著降低最短路径索引的空间代价。

7.2　对称技术应用局限性评述

本节将客观地评述现有对称技术应用的局限性，并讨论相应的解决方案。

首先，必须指出的是在对称性的应用中，对称性的获取是有代价的。这是对称性在真实应用中不可忽视的一个问题。计算图的自映射信息这一问题的复杂性等价于图同构判定问题，其复杂性仍然是一个开放问题，也就是我们既不能找到多项式算法也不能证明其为 NP-Complete 问题[161]。目前最为高效的网络对称计算算法是 Nauty[147]，Nauty 算法对于处理规模在 20000 顶点以下的网络是十分高效的，而对于 20000 顶点以上的网络则会消耗难以承受的空间资源。主要原因在于 Nauty 算法采用了矩阵表示图，每个顶点的邻接关系表达为相应的二进制位向量，以高效的位操作实现图的基本操作，以期整个算法取得较好的时间效率，但显然这种实现方式内存消耗较大。

对于对称性的计算代价，一方面在某些场景下，如图数据库中，对称性的计算可以看作离线的预处理操作，因而这部分代价在具体问题中是可以忽略的。另一方面，即使在某些对称性计算代价不可忽略的场景中，在前面已经论述对于 20000 顶点以下规模的网络，其对称性计算代价相对而言是不高的。注意到现有的图查询或者图模式匹配问题的对象多是成千上万的小图，如 AIDS 数据库中的分子结构图。而 AIDS 数据库最大的图不超过几百个顶点，因此对称技术对于这些应用场景是十分适用的。此外，即便对于 20000 顶点以上规模的大网络，通过一项正在进行中的研究内容——局部对称性的研究，这一问题也是有可能得到显著改善的，详细内容见 7.3 节。

精确对称过于苛刻，从而限制了对称技术的广泛应用。这里从两个角度讨论现有对称性约束的苛刻性。首先，根据自映射的定义，自映射必须保持网络中全部的邻接关系，这也就是说，如果某个置换即使保持住了图中绝大多数邻接关系，但是只要有一个邻接关系未得到保持，这个置换就不是自映射。显然在真实网络中，这种约束过于严格，如果放松这种约束，有可能得到更有价值的自映射。另外，当考虑将对称理论扩展到有权图或者带属性图时，如果属性值分布范围十分广泛，将会使顶点集上的某个置换很难成为一个自映射。因为在点或边带属性的图上，自映射不仅需要保持邻接关系，还需要保持顶点属性或边上的属性。所以，有权图上的研究也需要放松对称约束。

为此，一方面需要对现有精确对称性理论及技术进行改善，发展非精确对称理论，研究相关技术，这方面的内容将在进一步的研究工作中详细介绍。另一方面，对于某些问题，如计算节点的自映射等价性，可以利用一些近似结果进行代替。例如，在严格的结构等价性刻画下，得到的是顶点集上的自映射分区。而事实上，利用图的稳定化过程，可以得到在绝大多数场合下和自映射分区一致的近似分区，如完全度分区(total degree partition)[54]。

7.3　进一步的研究工作

在未来的工作中，我们拟针对以下具体内容展开进一步的深入研究。

7.3.1　非精确对称理论及其应用研究

现有对称性理论还只是停留在精确对称性的研究阶段。而在大量真实网络中，非精确对称是一类更为普遍、更具实用价值的对称性。然而此项研究从理论到实践尚属空白。非精确对称可以从不同角度定义，如可以将保持了一定比例邻接关系的置换定义为非精确自映射，也可以将保持了邻接关系但只保持了绝大部分顶点标号的置换定义为非精确自映射。这些不同的定义方式取决于实际应用背景。种类繁多的非精确对称的理论尚未建立，亟待深入研究。

这里给出一种最为重要的非精确对称的基本概念，称为 ε- 对称(定义 7.1)，其相应的自映射称作 ε- 自映射。如果一个网络中存在非平凡的 ε- 自映射，那么这个网络就是 ε- 对称的。ε- 对称的详细研究正在进行中。

定义 7.1　给定图 $G(V,E)$，V 上的某个置换 f 是 ε- 自映射，如果 $\dfrac{\left|E^f \cap E\right|}{|E|} \leqslant \varepsilon$，其中 $0 \leqslant \varepsilon \leqslant 1$，$E^f = \left\{(u^f, v^f) \big| (u,v) \in E\right\}$。

7.3.2　局部对称理论及实践研究

第 6 章已经指出真实网络不仅是对称的，更是局部对称的。也就是说在真实网络中很难发现交换全部或者绝大多数顶点的自映射。现有的对称性理论主要针对全局对称的理想网络展开，对于局部对称考察很少。合理的局部对称定义以及度量；真实网络局部对称的组合方式；对称子团(局部对称的子结构)在特定网络的功能中扮演的角色，这些问题的研究均属空白。

局部对称的研究不仅具有理论研究价值，它对于真实网络上对称信息的计算算法改进也有着重要意义。真实网络是局部对称的事实使得并行化 Nauty 这样的对称计算算法成为可能。如果真实网络的自映射群可以直接分解为互不相交的子群，并且这些子群均独立作用于子网络，那么就可以采取分而治之的策略，将网络分成若干子网络，调用 Nauty 计算每个子网络的自映射群，最终再组合各子群还原原网络的自映射群。这样一来，如何合理地将网络划分成各自映射子群独立作用的子网络则成为关键。

7.3.3　图稳定化过程研究

自映射等价关系是对顶点结构等价性的一种较为严格的刻画。事实上，对自映射等价条件进行不同程度的松弛，可以得到顶点集上的不同的等价关系。例如，根据顶点度数，可以得到顶点集上的一个较为粗糙的划分。进一步根据每个顶点落在各等价类中的邻居数目，又可以得到比度划分更为细致的划分。这一过程持续下去，不断地计算每个顶点落在当前各等价类中的邻居数目，最终这一过程将达到稳定状态，也就是当前划分无法继续细分。这整个过程就是图的稳定化过程。通常稳定态的划分等价于或接近于自映射分区的划分。这一问题在理想网络中已经得到深入研究。在真实网络中还未展开，如真实网络经过多少轮迭代可以达到稳定状态。稳定状态下的划分与自映射分区有着怎样的差异。不同度量对顶点的区分能力是不同的，区分能力越强的度量越能减少迭代次数，加速划分，对于真实网络，不同顶点度量的区分能力怎样，这些都是亟待研究的问题。

图的稳定化过程是图同构判定的核心过程，被广泛应用于 Nauty 以及其他(子)图同构判定算法中。而这一过程的核心是高维向量的排序。由于绝大多数真实网络是稀疏网络(平均度数相对较小)，这些向量每维数据值分布相对集中并且绝大多数维上的取值为 0。这一特征，使得我们可以借助数据管理的很多技术手段，如索引技术或高维数据摘要技术，高效实现这一过程。此项研究一旦有所突破，在大规模图数据库中进行对称信息的海量计算则成为可能。进一步利用对称信息建立图数据相关索引，那么加速图查询、图匹配等图数据库环境下的常见问题则成为可能。

7.3.4 对称性在图查询中应用研究

针对一个图数据库，常见的研究任务包括图模式查询、图索引创建与维护、图数据库上频繁模式挖掘等。合理利用图的对称信息，这些问题有可能在现有方法基础上得以进一步改善。在图数据库场景下，可以为每张图预先计算对称信息，建立图的基本摘要信息，也可以把对称信息合理地组织为特定索引结构。这种预先计算的代价是可以接受的，对于像 AIDS 这样的数据集，其中包含了若干张顶点平均规模为 20 左右的小图，为所有的图计算对称信息即使是在普通 PC 上也是完全可以接受的。考虑频繁子图挖掘中的一个重要子过程——模式枚举，事实上通过观察我们发现从自映射等价的节点出发所做的模式枚举是同构的，这一发现启示我们只需针对每个自映射等价类，选择其中一个顶点展开枚举即可，从而可以大大加速模式枚举过程。

参 考 文 献

[1] Cormen T H, Leiserson C E, Rivest R L, et al. Introduction to Algorithms [M]. 3rd ed. Cambridge: The MIT Press, 2009.

[2] Hay M, Miklau G, Jensen D, et al. Resisting structural re-identification in anonymized social networks[J]. VLDB Journal, 2010, 19(6):797-823.

[3] Zhou B, Pei J. Preserving privacy in social networks against neighborhood attacks[C]. IEEE, International Conference on Data Engineering, 2008:506-515.

[4] Weyl H. Symmetry[M]. Princeton:Princeton University Press, 1952.

[5] Mainzer K. Symmetry and Complexity : The Spirit and Beauty of Nonlinear Science[M]. Singapore: World Scientific, 2005.

[6] Muller S J. Asymmetry: The Foundation of Information[M]. Berlin: Springer, 2007.

[7] Rosen J. Symmetry Rules : How Science and Nature are Founded on Symmetry[M]. New York: Springer, 2008.

[8] Mainzer K. Symmetry and Symmetry Breaking[M]. Stanford: Stanford Encyclopedia of Philosophy, 2003.

[9] Hatcher A. Algebraic Topology[M]. Cambridge: Cambridge University Press, 2001.

[10] Quack M. Molecular spectra, reaction dynamics, symmetries and life[J]. China International Journal for Chemistry, 2003, 57(4):147-160.

[11] Felder G, García-Bellido J, Greene P B, et al. Dynamics of symmetry breaking and tachyonic preheating[J]. Physical Review Letters, 2001, 87(1):011601.

[12] Heylighen F. The growth of structural and functional complexity during evolution[J]. The Evolution of Complexity, 1999:17-44.

[13] Ravasz E, Somera A L, Mongru D A, et al. Hierarchical organization of modularity in metabolic networks[J]. Science, 2002, 297(5586):1551.

[14] Barabási A. Taming complexity[J]. Nature Physics, 2005, 1(7346):68-70.

[15] Macarthur B D, Anderson J W. Symmetry and self-organization in complex systems[J]. Physics, 2006.

[16] Macarthur B D, Sánchez-García R J, Anderson J W. Symmetry in complex networks[J]. Discrete Applied Mathematics, 2008, 156(18):3525-3531.

[17] Godsil C, Royle G. Algebraic Graph Theory, Volume 207 of Graduate Texts in Mathematics[M]. New York: Springer, 2001.

[18] Albert R, Barabási A. Statistical mechanics of complex networks[J]. Review of Modern Physics, 2001, 74(1):xii.

[19] Albert R, Jeong H. Internet: Diameter of the World-Wide Web[J]. Nature, 1999, 401(6):130-131.

[20] Siganos G, Faloutsos M, Faloutsos P, et al. Power laws and the AS-level Internet topology[J]. IEEE/ACM Transactions on Networking, 2003, 11(4):514-524.

[21] Watts D J, Strogatz S H. Collective dynamics of 'small-world' networks[J]. Nature, 1998,

393(6684):440-442.

[22] Newman M E. Scientific collaboration networks. I. Network construction and fundamental results[J]. Physical Review E Statistical Nonlinear & Soft Matter Physics, 2001, 64(2):016131.

[23] Newman M E J. Scientific collaboration networks. II. Shortest paths, weighted networks, and centrality[J]. Physical Review E Statistical Nonlinear & Soft Matter Physics, 2001, 64(2):016132.

[24] Redner S. How popular is your paper? An empirical study of the citation distribution[J]. The European Physical Journal B - Condensed Matter and Complex Systems, 1998, 4(2):131-134.

[25] Ramasco J J, Dorogovtsev S N, Pastorsatorras R. Self-organization of collaboration networks[J]. Physical Review E Statistical Nonlinear & Soft Matter Physics, 2013, 6(1):036106.

[26] Jeong H, Tombor B, Albert R, et al. The large-scale organization of metabolic networks[J]. Nature, 2000, 407(6804):651.

[27] Uetz P, Giot L, Cagney G, et al. A comprehensive analysis of protein-protein interactions in Saccharomyces cerevisiae[J]. Nature, 2000, 403(6770):623.

[28] Ito T, Tashiro K, Muta S, et al. Toward a protein-protein interaction map of the budding yeast: A comprehensive system to examine two-hybrid interactions in all possible combinations between the yeast proteins[J]. Proceedings of the National Academy of Sciences of the United States of America, 2000, 97(3):1143.

[29] Networks C O S. Classes of small-world networks[J]. Threat Networks & Threatened Networks, 2000, 97(21): 11149-11152.

[30] Kleinberg J M. Navigation in a small world[J]. Nature, 2000, 406(6798):845.

[31] Barabási A, Albert R. Emergence of scaling in random networks[J]. Science, 1999, 286(5439):509.

[32] Milo R, Shen-Orr S, Itzkovitz S, et al. Network motifs: Simple building blocks of complex networks[J]. Science, 2002, 298(5594): 824-827.

[33] Newman M E. Assortative mixing in networks[J]. Physical Review Letters, 2002, 89(20):208701.

[34] Newman M E J, Girvan M. Mixing patterns and community structure in networks[M]// Statistical Mechanics of Complex Networks. Berlin: Springer, 2003:66-87.

[35] Newman M E. Mixing patterns in networks[J]. Physical Review E Statistical Nonlinear & Soft Matter Physics, 2003, 67(2):026126.

[36] Rückert U, Kramer S. Frequent free tree discovery in graph data[C]. ACM Symposium on Applied Computing. DBLP, 2004:564-570.

[37] Chi Y, Muntz R R, Nijssen S, et al. Frequent subtree mining-An overview[J]. Fundamenta Informaticae, 2005, 66(1/2): 161-198.

[38] Inokuchi A, Washio T, Motoda H. An apriori-based algorithm for mining frequent substructures from graph data[C]. European Conference on Principles of Data Mining and Knowledge Discovery. Berlin: Springer, 2000: 13-23.

[39] Inokuchi A. A fast algorithm for mining frequent connected subgraphs[R]. IBM Research Report, 2007.

[40] Yan X, Han J. Close Graph: Mining closed frequent graph patterns[C]. Proceedings of the Ninth ACM SIGKDD International Conference on Knowledge Discovery and Data Mining, 2003: 286-295.

[41] Yan X, Zhou X J, Han J. Mining closed relational graphs with connectivity constraints[C]. Proceedings of the Eleventh ACM SIGKDD International Conference on Knowledge Discovery and Data Mining, 2005:324-333.

[42] Pei J, Jiang D, Zhang A. On mining cross-graph quasi-cliques[C]. Proceedings of the Eleventh ACM SIGKDD International Conference on Knowledge Discovery and Data Mining, 2005:228-238.

[43] Shasha D, Wang J T L, Giugno R. Algorithmics and applications of tree and graph searching[C]. ACM Sigmod-Sigact-Sigart Symposium on Principles of Database Systems, 2002:39-52.

[44] James C A, Weininger D, Delany J. Daylight theory manual daylight version 4.82[J]. Daylight Chemical Information Systems, 2003.

[45] Yan X, Yu P S, Han J. Graph indexing: A frequent structure-based approach[C]. ACM SIGMOD International Conference on Management of Data, 2004:335-346.

[46] Backstrom L, Dwork C, Kleinberg J. Wherefore art thou r3579x?:Anonymized social networks, hidden patterns, and structural steganography[C]. International Conference on World Wide Web, 2007:181-190.

[47] Liu K, Terzi E. Towards identity anonymization on graphs[C]. ACM SIGMOD International Conference on Management of Data, 2008:93-106.

[48] Yan X, Han J. gSpan: Graph-Based substructure pattern mining[C]. IEEE International Conference on Data Mining. IEEE Computer Society, 2002, 1:721.

[49] Biggs N. Algebraic Graph Theory[M]. Cambridge: Cambridge University Press, 1974.

[50] Lauri J, Scapellato R. Topics in Graph Automorphisms and Reconstruction[M]. Cambridge: Cambridge University Press, 2016.

[51] Beineke L W, Wi R J. Topics in Algebraic Graph Theory[M]. Cambridge: Cambridge University Press, 2004.

[52] Klin M, Rücker C, Rücker G. Algebraic combinatorics in mathematical chemistry. Methods and algorithms. I. Permutation groups and coherent (cellular) algebras[R]. Technical Report, TUM-M9510, Technische Universitat Munchen, 1995.

[53] Babel L, Chuvaeva I V, Klin M, et al. Algebraic combinatorics in mathematical chemistry. Methods and algorithms. II. Program implementation of the weisfeiler-leman algorithm[R]. Mathematics, 2010, 22(40):7-138.

[54] Tinhofer G, Klin M. Algebraic combinatorics in mathematical chemistry. Methods and algorithms III. Graph invariants and stabilization methods[R]. Technical Report, TUM-M9902, Technische Universitat Munchen, 1999.

[55] Godsil C, Royle G. Algebraic Graph Theory[M]. Cambridge: Cambridge University Press, 1974:151-181.

[56] Aloul F A, Ramani A, Markov I L, et al. Solving difficult SAT instances in the presence of symmetry[C]. Proceedings of the 39th Annual Design Automation Conference, 2002: 731-736.

[57] Jiang H, Wang H, Yu P S, et al. GString: A novel approach for efficient search in graph databases[C]. IEEE, International Conference on Data Engineering, 2007:566-575.

[58] Gent I P, Petrie K E, Puget J F. Symmetry in constraint programming[M]// Handbook of Constraint

Programming, 2006:329-376.

[59] Kelley B P, Sharan R, Karp R M, et al. Conserved pathways within bacteria and yeast as revealed by global protein network alignment[J]. Proceedings of the National Academy of Sciences of the United States of America, 2003, 100(20):11394.

[60] Sharan R, Ideker T, Kelley B P, et al. Identification of protein complexes by comparative analysis of yeast and bacterial protein interaction data[C]. The Eighth International Conference on Research in Computational Molecular Biology, 2004:282-289.

[61] Jin R, Wang C, Polshakov D, et al. Discovering frequent topological structures from graph datasets[C]. The Eleventh ACM SIGKDD International Conference on Knowledge Discovery and Data Mining, Chicago, 2005:606-611.

[62] Diestel R. Graph Theory[M]. Berlin: Springer, 2000.

[63] Robertson N, Seymour P D. Graph minors. XIII. The disjoint paths problem[J]. Journal of Combinatorial Theory, 1995, 63(1):65-110.

[64] Garey M R, Johnson D S. Computers and Intractability: A Guide to the Theory of NP-Completeness[M]. New York: W. H. Freeman, 1986.

[65] Rotman J. An introduction to the theory of groups graduate texts in mathematics[J]. Mathematical Gazette, 1999, 11(3):80.

[66] Bollobás B. Graduate Texts in Mathematics[M]. New York: Springer, 1998: 184.

[67] Pennock D M, Flake G W, Lawrence S, et al. Winners don't take all: Characterizing the competition for links on the web[J]. Proceedings of the National Academy of Sciences of the United States of America, 2002, 99(8):5207-5211.

[68] Xiao Y H, Wu W T, Wang H, et al. Symmetry-based structure entropy of complex networks[J]. Physica A Statistical Mechanics & its Applications, 2008, 387(11):2611-2619.

[69] Gehrke J, Ginsparg P, Kleinberg J. Overview of the 2003 KDD Cup[J]. ACM SIGKDD Explorations Newsletter, 2003, 5(2):149-151.

[70] The CAIDA Group. The caida as relationships dataset[EB/OL], 2003- 2007. http://www.caida.org/data/active/as-relationships.

[71] The Gap Group. Algorithms, and Programming, Version 4.4.9[EB/OL], 2006. http://www.gap-system.org.

[72] Maslov S, Sneppen K, Zaliznyak A. Detection of topological patterns in complex networks: Correlation profile of the internet[J]. Physica A Statistical Mechanics & its Applications, 2004, 333(1):529-540.

[73] Batagelj V, Mrvar A. Pajek-program for large network analysis[J]. Connections, 1998, 21(2): 47-57.

[74] Newman M E, Strogatz S H, Watts D J. Random graphs with arbitrary degree distributions and their applications[J]. Physical Review E Statistical Nonlinear & Soft Matter Physics, 2001, 64(2):026118.

[75] Erdos P, Renyi A. On random graphs[J]. Publicationes Mathematicae, 1959, 6(4):290-297.

[76] Shen-Orr S S, Milo R, Mangan S, et al. Network motifs in the transcriptional regulation network of Escherichia coli[J]. Nature Genetics, 2002, 31(1):64.

[77] Goldberg D S, Roth F P. Assessing experimentally derived interactions in a small world[J]. Proceedings of the National Academy of Sciences of the United States of America, 2003, 100(8):4372-4376.

[78] Leicht E A, Holme P, Newman M E. Vertex similarity in networks[J]. Physical Review E Statistical Nonlinear & Soft Matter Physics, 2006, 73(2):026120.

[79] Jaccard P. Étude comparative de la distribution florale dans une portion des Alpes et des Jura[J]. Bull Soc Vaudoise Sci Nat, 1901, 37: 547-579.

[80] Salton G. Automatic Text Processing the Transformation, Analysis and Retrieval of Information by Computer[M]. DBLP, 1989.

[81] Albert R, Barabási A L. Statistical mechanics of complex networks[J]. Reviews of Modern Physics, 2002, 74(1): 47-97.

[82] Newman M E J. The structure and function of complex networks[J]. Siam Review, 2003, 45(2):167-256.

[83] Caldarelli G, Capocci A, De L R P, et al. Scale-free networks from varying vertex intrinsic fitness[J]. Physical Review Letters, 2002, 89(25):258702.

[84] Söderberg B. General formalism for inhomogeneous random graphs[J]. Physical Review E Statistical Nonlinear & Soft Matter Physics, 2002, 66(6 Pt 2):066121.

[85] Albert R, Jeong H, Barabási A L. Error and attack tolerance of complex networks[J]. Nature, 2000, 406(6794):378.

[86] Goh K I, Kahng B, Kim D. Universal behavior of load distribution in scale-free networks[J]. Physical Review Letters, 2001, 87(27): 278701.

[87] Pastor-Satorras R, Vázquez A, Vespignani A. Dynamical and correlation properties of the Internet[J]. Physical Review Letters, 2001, 87(25): 258701.

[88] Maslov S, Sneppen K. Specificity and stability in topology of protein networks[J]. Science, 2002, 296(5569):910-913.

[89] Berg J, Lässig M. Correlated random networks[J]. Physical Review Letters, 2002, 89(22):228701.

[90] Solé R V, Valverde S. Information Theory of Complex Networks: On Evolution and Architectural Constraints[M]. Berlin: Springer, 2004:189-210.

[91] Wang B, Tang H, Guo C, et al. Entropy optimization of scale-free networks' robustness to random failures[J]. Physica A Statistical Mechanics & its Applications, 2005, 363(2):591-596.

[92] Zhang Z Z, Zhou S G, Zou T. Self-similarity, small-world, scale-free scaling, disassortativity, and robustness in hierarchical lattices[J]. European Physical Journal B, 2007, 56(3):259-271.

[93] Costa L F, Rodrigues F A. Seeking for simplicity in complex networks[J]. arXiv:physics/0702102, 2007.

[94] Nishikawa T, Motter A E, Lai Y C, et al. Heterogeneity in oscillator networks: Are smaller worlds easier to synchronize?[J]. Physical Review Letters, 2003, 91(1):014101.

[95] Costa L F, Rodrigues F A, Travieso G, et al. Characterization of complex networks: A survey of measurements[J]. Advances in Physics, 2007, 56(1): 167-242.

[96] Freeman L C. A set of measures of centrality based on betweenness[J]. Sociometry, 1977, 40(1):35-41.

[97] Holme P, Huss M. Role-similarity based functional prediction in networked systems: Application to the yeast proteome[J]. Journal of the Royal Society Interface, 2005, 2(4):327-333.

[98] Godsil C, Royle G. Strongly regular graphs[M]//Algebraic Graph Theory. New York: Springer, 2001: 217-247.

[99] Xiao Y, Xiong M, Wang W, et al. Emergence of symmetry in complex networks[J]. Physical Review E Statistical Nonlinear & Soft Matter Physics, 2008, 77(2):066108.

[100] North American Transportation Atlas Data[EB/OL]. http://www.bts.gov.

[101] Nelson D L, McEvoy C L, Schreiber T A. The University of South Florida free association, rhyme, and word fragment norms[J]. Behavior Research Methods, Instruments,& Computers, 2004, 36(3): 402-407.

[102] Batagelj V, Mrvar A, Zaversnik M. Network analysis of texts[M]. University of Ljubljana, Inst. of Mathematics, Physics and Mechanics, Department of Theoretical Computer Science, 2002.

[103] Batagelj V, Mrvar A. Some analyses of Erdős collaboration graph[J]. Social Networks, 1991, 22(2):173-186.

[104] Stark C, Breitkreutz B J, Reguly T, et al. BioGRID: A general repository for interaction datasets[J]. Nucleic Acids Research, 2006, 34(Database issue):535-539.

[105] Jeong H, Mason S, Barabasi A. Oltvai ZN: Lethality and centrality in protein networks[J]. Nature, 2001, 411(6833): 41-42.

[106] Yan X. Feature-based similarity search in graph structures[J]. ACM Transactions on Database Systems, 2006, 31(4): 1418-1453.

[107] Chevalier F, Domenger J P, Benois-Pineau J, et al. Retrieval of objects in video by similarity based on graph matching[J]. Pattern Recognition Letters, 2007, 28(8):939-949.

[108] Flesca S, Manco G, Masciari E, et al. Exploiting structural similarity for effective Web information extraction[J]. Data & Knowledge Engineering, 2007, 60(1):222-234.

[109] Raymond J W, Gardiner E J, Willett P. RASCAL: Calculation of graph similarity using maximum common edge subgraphs[J]. Computer Journal, 2002, 45(6):631-644.

[110] Raymond J W, Gardiner E J, Willett P. Heuristics for similarity searching of chemical graphs using a maximum common edge subgraph algorithm[J]. Journal of Chemical Information & Computer Sciences, 2002, 42(2):305-316.

[111] Raymond J W, Willett P. Effectiveness of graph-based and fingerprint-based similarity measures for virtual screening of 2D chemical structure databases[J]. Journal of Computer-Aided Molecular Design, 2002, 16(1):59-71.

[112] Raymond J W, Willett P. Maximum common subgraph isomorphism algorithms for the matching of chemical structures[J]. Journal of Computer-Aided Molecular Design, 2002, 16(7):521.

[113] Conte D, Foggia P, Sansone C, et al. Thirty years of graph matching in pattern recognition[J]. International Journal of Pattern Recognition and Artificial Intelligence, 2004,18(3):265-298.

[114] Bunke H, Shearer K. A graph distance metric based on the maximal common subgraph[J]. Pattern Recognition Letters, 1998, 19(3/4):255-259.

[115] Fernández M L, Valiente G. A graph distance metric combining maximum common subgraph and minimum common supergraph[J]. Pattern Recognition Letters, 2001, 22(6/7): 753-758.

[116] Hidovic D, Pelillo M. Metrics for attributed graphs based on the maximal similarity common subgraph[J]. International Journal of Pattern Recognition and Artificial Intelligence,2004, 18(3) :299-313.

[117] Wallis W D, Shoubridge P, Kraetz M, et al. Graph distances using graph union[J]. Pattern Recognition Letters, 2001, 22(6):701-704.

[118] Dehmer E S F. Structural similarity of directed universal hierarchical graphs: A low computational complexity approach[J]. Applied Mathematics & Computation, 2007, 194(1):7-20.

[119] Dehmer M, Emmert-Streib F, Kilian J. A similarity measure for graphs with low computational complexity[J]. Applied Mathematics & Computation, 2006, 182(1):447-459.

[120] Dehmer M, Emmert-Streib F. Comparing large graphs efficiently by margins of feature vectors[J]. Applied Mathematics & Computation, 2007, 188(2):1699-1710.

[121] Bunke H. On a relation between graph edit distance and maximum common subgraph[J]. Pattern Recognition Letters, 1997, 18(9):689-694.

[122] Murphy K P. A brief introduction to graphical models and Bayesian networks[J]. Borgelt Net, 2008.

[123] Kruglyak L, Nickerson D A. Variation is the spice of life[J]. Nature Genetics, 2001, 27(3):234.

[124] Xiao Y, Dong H, Wu W, et al. Structure-based graph distance measures of high degree of precision[J]. Pattern Recognition, 2008, 41(12):3547-3561.

[125] Goh K I, Salvi G, Kahng B, et al. Skeleton and fractal scaling in complex networks[J]. Physical Review Letters, 2006, 96(1):018701.19.

[126] Kim D H, Noh J D, Jeong H. Scale-free trees: The skeletons of complex networks[J]. Physical Review E Statistical Nonlinear & Soft Matter Physics, 2004, 70(2):046126.

[127] Arenas A, Duch J, Fernandez A, et al. Size reduction of complex networks preserving modularity[J]. New Journal of Physics, 2007, 9(6):176.

[128] Bollobás B. Random Graphs, Cambridge Studies in Advanced Mathematics, Vol. 73[M]. 2nd ed. Cambridge: Cambridge University Press, 2001.

[129] Johnson D S. The genealogy of theoretical computer science: A preliminary report[J]. ACM SIGACT News, 1984, 16(2): 36-49.

[130] Jeong H, Mason S, Barabasi A. Oltvai ZN: Lethality and centrality in protein networks[J]. Nature, 2001, 411(6833):41-42.

[131] Bu D, Zhao Y, Cai L, et al. Topological structure analysis of the protein–protein interaction network in budding yeast[J]. Nucleic Acids Research, 2003, 31(9):2443.

[132] Kleinberg J M. Authoritative sources in a hyperlinked environment[C]. ACM-Siam Symposium on Discrete Algorithms Society for Industrial and Applied Mathematics, 1998:668-677.

[133] The Structure of Information Networks[EB/OL]. http://www. cs.cornell.edu/courses/cs685/2002fa.

[134] de Nooy W. The network data on the administrative elite in The Netherlands in April 2006 [EB/OL]. http://vlado.fmf.uni- lj.si/pub/networks/data/2mode/DutchElite.pdf.

[135] Norlen K, Lucas G, Gebbie M, et al. EVA: Extraction, visualization and analysis of the telecommunications and media ownership network[J]. Surgery, 2012, 27(5):372-373.

[136] Jones B. Computational geometry database[EB/OL], 2002. http://compgeom.cs.uiuc.edu/ jeffe/

compgeom/ biblios.html.

[137] Genealogical data from NSF project on empirical kinship networks[EB/OL]. http://eclectic. anthrosciences. org/drwhite/linkages/datasets/student.html.

[138] Barthélemy M. Comment on "Universal behavior of load distribution in scale-free networks"[J]. Physical Review Letters, 2003, 91(18):278701.

[139] Wu W, Xiao Y, Wang W, et al. K-symmetry model for identity anonymization in social networks[C]. Proceedings of the 13th International Conference on Extending Database Technology, 2010: 111-122.

[140] Chung F, Lu L, Dewey T G, et al. Duplication models for biological networks[J]. Journal of Computational Biology , 2002, 10(5):677-687.

[141] Rahman S A, Schomburg D. Observing local and global properties of metabolic pathways: 'load points' and 'choke points' in the metabolic networks[J]. Bioinformatics, 2006, 22(14):1767-1774.

[142] Pastor-Satorras R, Vespignani A. Evolution and Structure of the Internet: A Statistical Physics Approach[M]. Cambridge: Cambridge University Press, 2004.

[143] Boccaletti S, Latora V, Moreno Y, et al. Complex networks: Structure and dynamics[J]. Physics Reports, 2006, 424(4/5):175-308.

[144] Wasserman S, Faust K. Social Networks Analysis[M]. Cambridge :Cambridge University Press, 1994.

[145] Scott J. Social Network Analysis: A Handbook[M]. 2nd ed. London:Sage Publications, 2000.

[146] Xiao Y, Macarthur B D, Wang H, et al. Network quotients: Structural skeletons of complex systems[J]. Physical Review E Statistical Nonlinear & Soft Matter Physics, 2008, 78(4 Pt 2):046102.

[147] McKay B D. Practical graph isomorphism[J]. Congressus Numerantium, 1981, 30: 45-87.

[148] Rotman J J. An Introduction to the Theory of Groups[M]. 4th ed. New York: Springer, 1999.

[149] Dijkstra E W. A note on two problems in connexion with graphs[J]. Numerische Mathematik, 1959, 1(1): 269-271.

[150] Cherkassky B V, Goldberg A V, Radzik T. Shortest paths algorithms: Theory and experimental evaluation[J]. Mathematical Programming, 1996, 73(2):129-174.

[151] Agrawal R, Jagadish H V. Algorithms for searching massive graphs[J]. IEEE Transactions on Knowledge & Data Engineering, 1994, 6(2):225-238.

[152] Chan E P F, Zhang N. Finding shortest paths in large network systems[C]. Proceedings of the Ninth ACM International Symposium on Advances in Geographic Information Systems, 2001:160-166.

[153] Samet H, Sankaranarayanan J, Alborzi H. Scalable network distance browsing in spatial databases[C]. ACM SIGMOD International Conference on Management of Data, 2008:43-54.

[154] Agrawal R, Jagadish H V. Direct algorithms for computing the transitive closure of database relations[C]. Proceedings of the 13th International Conference on Very Large Data Bases, 1987 , 87: 1-4.

[155] Lu H. New strategies for computing the transitive closure of a database relation[C]. International Conference on Very Large Data Bases. Morgan Kaufmann Publishers Inc, 1987:267-274.

[156] Chen L, Gupta A, Kurul M E. Stack-based algorithms for pattern matching on DAGs[C]. International Conference on Very Large Data Bases. VLDB Endowment, 2005:493-504.

[157] Schenkel R, Theobald A, Weikum G. Efficient creation and incremental maintenance of the HOPI index for complex XML document collections[C]. International Conference on Data Engineering. IEEE Computer Society, 2005:360-371.

[158] Wang H, He H, Yang J, et al. Dual labeling: Answering graph reachability queries in constant time[C]. Proceedings of the 22nd International Conference on Data Engineering, 2006:75.

[159] Trißl S, Leser U. Fast and practical indexing and querying of very large graphs[C]. Proceedings of the 2007 ACM SIGMOD International Conference on Management of Data, 2007: 845-856.

[160] He H, Wang H, Yang J, et al. Compact reachability labeling for graph-structured data[C]. ACM International Conference on Information and Knowledge Management, 2005:594-601.

[161] Fortin S. The Graph Isomorphism Problem: Technical Report[R]. University of Alberta, 1996.

彩　　图

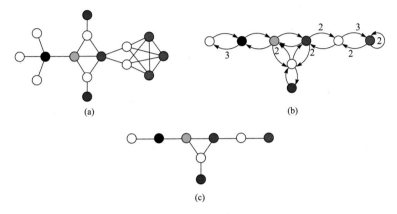

(a)　　　　　　　　　(b)

(c)

图 5.1　一个理想网络及其相应的网络商

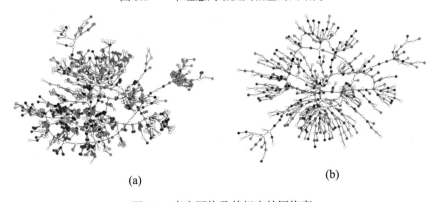

(a)　　　　　　　　　(b)

图 5.2　真实网络及其相应的网络商

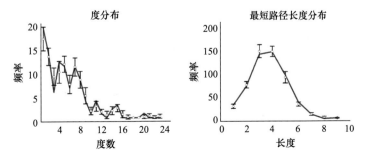

度分布　　　　　　　　最短路径长度分布

频率　　　　　　　　频率

度数　　　　　　　　长度

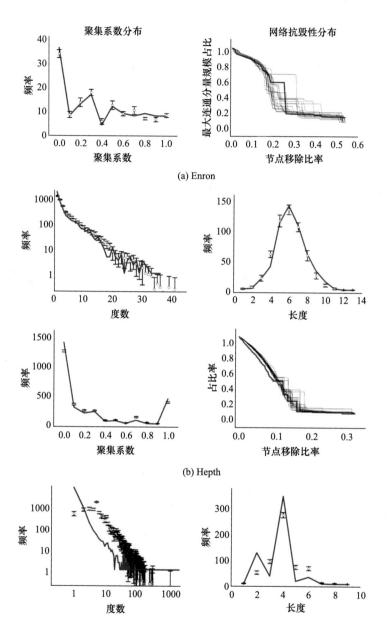

聚集系数分布

频率

聚集系数

网络抗毁性分布

最大连通分量规模占比

节点移除比率

(a) Enron

频率

度数

频率

长度

频率

聚集系数

占比率

节点移除比率

(b) Hepth

频率

度数

频率

长度

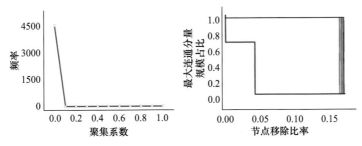

(c) Net_trace

图 5.9 基于 B-骨架的采样方法

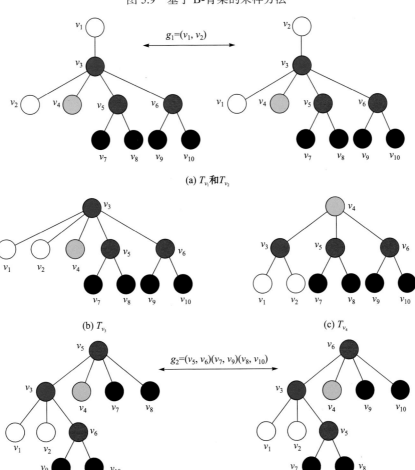

(a) T_{v_1} 和 T_{v_2}

(b) T_{v_3}

(c) T_{v_4}

(d) T_{v_5} 和 T_{v_6}

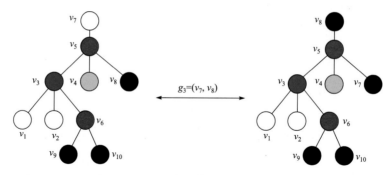

(e) T_{v_7} 和 T_{v_8}

图 6.2　BFS 树

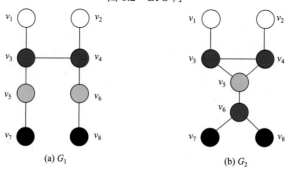

(a) G_1

(b) G_2

图 6.3　局部对称和全局对称

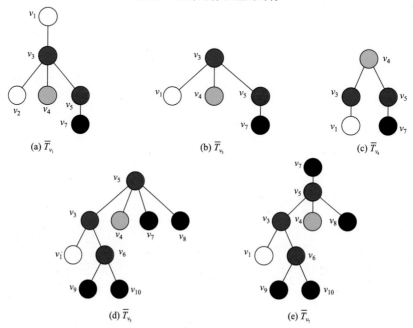

(a) $\overline{T}_{v_1}$

(b) $\overline{T}_{v_3}$

(c) $\overline{T}_{v_4}$

(d) $\overline{T}_{v_5}$

(e) $\overline{T}_{v_7}$

图 6.4　压缩的 BFS 树